Hans Babovsky

Die Boltzmann-Gleichung:
Modellbildung – Numerik – Anwendungen

Leitfäden der angewandten Mathematik und Mechanik

Herausgegeben von
Prof. Dr. Dr. h. c. mult. G. Hotz, Saarbrücken
Prof. Dr. P. Kall, Zürich
Prof. Dr. Dr.-Ing. E. h. K. Magnus, München
Prof. Dr. E. Meister, Darmstadt

Band 75

Springer Fachmedien Wiesbaden GmbH

Die Boltzmann-Gleichung: Modellbildung – Numerik – Anwendungen

Von Professor Dr. rer. nat. Hans Babovsky
Technische Universität Ilmenau

Springer Fachmedien Wiesbaden GmbH 1998

Prof. Dr. rer. nat. Hans Babovsky

Geboren 1955 in Falkenstein/Oberpfalz. Studium der Mathematik und Physik an der Universität Kaiserslautern (Diplom 1980), 1980/81 Forschungsaufenthalt an der Université de Montréal. Promotion 1983 und Habilitation 1989 an der Universität Kaiserslautern. Von 1990 bis 1994 IBM Wissenschaftliches Zentrum Heidelberg, von 1994 bis 1996 Weierstraß-Institut für Angewandte Analysis und Stochastik Berlin. Seit 1996 Professor für Numerik und Informationsverarbeitung an der TU Ilmenau/Thüringen.

Die Deutsche Bibliothek – CIP-Einheitsaufnahme

Babovsky, Hans:
Die Boltzmann-Gleichung : Modellbildung – Numerik –
Anwendungen / von Hans Babovsky.

(Leitfäden der angewandten Mathematik und Mechanik ; Bd. 75)
ISBN 978-3-663-12035-3   ISBN 978-3-663-12034-6 (eBook)
DOI 10.1007/978-3-663-12034-6

Vorwort

Die Boltzmann-Gleichung ist die grundlegende Gleichung der klassischen kinetischen Gastheorie. Ursprünglich von S. Boltzmann [24] im Jahr 1872 formuliert zur Beschreibung des Flusses dünner Gase, dient sie heute als Basis zur Modellierung großer Teilchensysteme in einer Vielzahl von Anwendungen. Aufgrund des Vordringens der *High Technology* in immer neue Bereiche (Stichworte: *Miniaturisierung* elektronischer Bauteile, *Hyperschallumströmungen* in der Luft- und Raumfahrt, *Schadstoffanalysen* – beispielsweise in der Umweltforschung, um nur wenige Beispiele zu nennen) gewinnt die Boltzmann-Gleichung eine immer größere Bedeutung in der angewandten Modellbildung für Transportprobleme.

Während die Boltzmann-Gleichung als Fundamentalgleichung der kinetischen Gastheorie längst anerkannt ist, läßt ihre mathematische Behandlung auch heute noch viele Fragen offen. Waren Fragen der Herleitbarkeit aus der Dynamik großer Teilchensysteme und die Existenztheorie (im Jahre 1994 erhielt P. L. Lions [35] nicht zuletzt für eine grundlegende Arbeit auf diesem Gebiet die Fields-Medaille) große Herausforderungen der letzten Dekaden, so gewinnen Fragen der Numerik und der Modellierung durch asymptotische Gleichungen heute eine ständig wachsende Bedeutung. Die Komplexität der Boltzmann-Gleichung erfordert es häufig, für analytische Studien auszuweichen auf einfachere Modellgleichungen (z. B. vom Typ der Drift-Diffusionsgleichungen) und zur numerischen Simulation abzuweichen von klassischen Diskretisierungsstrategien und stattdessen stochastische Integrationsmethoden zu verwenden. Ziel des Buches ist es, nach einer kurzen Vorstellung der klassischen Theorie in diese Problemstellungen einzuführen. Das Buch wendet sich an Studenten und Wissenschaftler der Mathematik, der Natur- und der Ingenieurwissenschaften, welche an einer mathematisch fundierten Einführung in anwendungsbezogene Fragestellungen der Modellierung und Numerik kinetischer Gleichungen interessiert sind.

Das erste Kapitel gibt eine kurze Einführung in die Grundbegriffe und die Prinzipien der kinetischen Gastheorie. Insbesondere wird gezeigt, wie kinetische Gleichungen aus Erhaltungsprinzipien aus großen Teilchensystemen hergeleitet werden können.

Im zweiten Kapitel werden die wichtigsten Eigenschaften von Lösungen linearer und nichtlinearer kinetischer Gleichungen beschrieben. Außerdem wird eine erste Verbindung zu den Gleichungen der Strömungsmechanik geknüpft.

Kapitel 3 befaßt sich mit der Simulation von Lösungen linearer kinetischer Gleichungen mittels stochastischer Prozesse und ihrer Realisierung auf dem Computer.

Die stochastische Integration der nichtlinearen Boltzmann-Gleichung und damit die Einführung in die für praktische Anwendungen höchst relevanten Monte Carlo–Verfahren ist Inhalt von Kapitel 4. Es wird motiviert, warum stochastische Verfahren zur Numerik klassischen Diskretisierungsverfahren überlegen sind. Algorithmen zur Umsetzung der Verfahren auf dem Computer werden skizziert.

Die nächsten beiden Kapitel befassen sich mit der Modellierung linearer (Kapitel 5) und nichtlinearer (Kapitel 6) kinetischer Gleichungen durch makroskopische Gleichungen. Zur Herleitung der linearen Drift-Diffusionsgleichungen werden sowohl ein stochastischer als auch ein funktionalanalytischer Zugang skizziert. Der Zugang zu den nichtlinearen Euler- und Navier-Stokes-Gleichungen beruht dagegen auf den klassischen formalen Zugängen von Hilbert und Chapman-Enskog.

In Kapitel 7 schließlich werden die vorher beschriebenen Ergebnisse angewandt zur Modellierung und Numerik einer Reihe von Fragestellungen in den angewandten Wissenschaften.

An dieser Stelle möchte ich mich bedanken bei Herrn D. Görsch für die Durchsicht des Manuskripts, bei meiner Tochter Carolin für die Erstellung eines großen Teils der Abbildungen, bei meiner Frau für das Korrekturlesen und bei meiner ganzen Familie für die große Geduld, die sie während der Erstellung des Buches aufgebracht hat.

Inhaltsverzeichnis

Kapitel 1

Grundbegriffe der kinetischen Gastheorie

1.1 Einführung

Die klassische kinetische Gastheorie beruht auf der folgenden Modellvorstellung für Gase. Ein Gas besteht aus sehr vielen gleichförmigen Kugeln mit Radius sehr kleinem R und Masse m. Diese Kugeln bewegen sich mit konstanter Geschwindigkeit durch den Ortsraum bzw. gemäß den Newton-Gleichungen in einem äußeren Kraftfeld. Prallen zwei Gasteilchen aufeinander, so erfolgt ein energie- und impulserhaltender Stoß, bei dem sich beide Geschwindigkeiten ändern. Als zweidimensionales Analogon können wir uns einen Billardtisch mit einer Vielzahl sich bewegender Kugeln vorstellen. Allerdings wird Rotationsenergie in unserem Gasmodell nicht berücksichtigt.

Kinetische Gleichungen bestehen im wesentlichen aus zwei Teilen: aus einem Differentialoperator, dessen Charakteristiken die Trajektorien der Newton-Gleichungen sind, und aus einem Integraloperator, welcher die Wirkungen der Stöße bilanziert. Um die zeitliche Änderung von Teilchenverteilungen zu berechnen, müssen daher neben den Ortsvariablen auch die Geschwindigkeiten der Teilchen berücksichtigt werden. Als Konsequenz erfolgt die Beschreibung der Gasdynamik im sechsdimensionalen Phasenraum, der aus den Orts- und Geschwindigkeitskoordinaten zusammengesetzt ist. Dies führt –

wie im folgenden noch zu zeigen sein wird – zu sehr hohem Rechenaufwand, wenn es
um die numerische Lösung der Gleichungen der Gasdynamik geht.

Ein großer Teil praktisch relevanter Aspekte (sog. Realgaseffekte) wie Gasgemi-
sche, innere Energien (Schwingungs-, Rotationsenergien), Moleküle (d.h. Teilchengeo-
metrien, welche nicht durch Kugeln zu beschreiben sind) etc. bleibt in diesem Buch
unberücksichtigt. Dies erfolgt zum einen, um die für ein Lehrbuch nötige Klarheit zu
sichern; zum andern ist ihre Berücksichtigung nicht nötig, um die der kinetischen Gastheorie zugrundeliegenden Ideen sowie das hierauf aufbauende Theoriegebäude zu ver-
mitteln. Weiterführende Effekte wie die oben beschriebenen lassen sich verhältnismäßig
zwanglos in dieses Gebäude einbauen.

1.2   Die Liouville–Gleichung

Die Bewegung eines Teilchens mit der Masse m in einem Kraftfeld $F(t, x, v)$ wird
beschrieben durch die *Newton-Gleichungen*

$$\dot{x}(t) = v(t), \quad \dot{v}(t) = \frac{1}{m}F(x(t), v(t), t). \tag{1.1}$$

Hierbei sind $x(t) \in \mathbb{R}^3$ und $v(t) \in \mathbb{R}^3$ die Orts- und Geschwindigkeitskoordinaten zur
Zeit t. Sind die Koordinaten des Teilchens zur Zeit t_0 bekannt:

$$(x(t_0), v(t_0)) = (x_0, v_0) =: q^0, \tag{1.2}$$

so kann der Zustand zu jeder anderen Zeit $t \in \mathbb{R}$ im Prinzip berechnet werden durch
Lösung des gewöhnlichen Differentialgleichungssystems (1.1) zum Anfangswert (1.2)
(vorausgesetzt, daß das Gleichungssystem global lösbar ist, vgl. Voraussetzung 1.2).

1.1 Definition *(Trajektorien)*: Ist das Anfangswertproblem (1.1), (1.2) eindeutig lösbar,
so bezeichnen wir die Lösung zur Zeit t mit $\Phi^{t_0, t}q^0$. Die Kurven $t \to \Phi^{t_0, t}q^0$ heißen *Trajektorien*.

Um hinreichende Regularität der Trajektorien zu sichern, sei im folgenden vorausgesetzt

– ohne daß dies jedesmal ausdrücklich erwähnt wird –

1.2 Voraussetzung: Für alle $t_0, t \in \mathbb{R}$ und alle Anfangswerte $q^0 = (x_0, v_0) \in \Gamma :=$ $\mathbb{R}^3 \times \mathbb{R}^3$ existiere eine eindeutig bestimmte Lösung $\Phi^{t_0,t} q^0$ des Anfangswertproblems (1.1), (1.2). (Gelegentlich schreiben wir abkürzend $q(t) := \Phi^{t_0,t} q^0$, wenn q^0 fest gewählt ist.) Die Abbildung

$$q^0 \longrightarrow \Phi^{t_0,t} q^0 \tag{1.3}$$

sei für alle $t \in \mathbb{R}$ ein Diffeomorphismus (d.h. umkehrbar, und Abbildung und Inverse seien stetig differenzierbar).

Unter dieser Voraussetzung ist die Umkehrabbildung offenbar gegeben durch

$$\left(\Phi^{t_0,t} \right)^{-1} = \Phi^{t,t_0}. \tag{1.4}$$

1.3 Bemerkung: Voraussetzung 1.2 beinhaltet Anforderungen an die Regularität des Vektorfeldes F. Aus der klassischen Theorie gewöhnlicher Differentialgleichungen folgt, daß sie zum Beispiel erfüllt sind, wenn F Lipschitz-stetig in den $x-$ und $v-$Variablen ist.

Wir nehmen nun an, daß über die Lage des Teilchens zur Zeit t_0 lediglich eine Wahrscheinlichkeitsverteilung μ_0 bekannt ist. Das bedeutet: Die Wahrscheinlichkeit, das Teilchen zur Zeit t_0 in einer meßbaren Teilmenge $M \subset \mathbb{R}^3 \times \mathbb{R}^3$ zu finden, ist gleich $\mu_0(M)$. Wie sieht die zugehörige Wahrscheinlichkeitsverteilung zu einem anderen Zeitpunkt t aus? Eine Gleichung hierfür wollen wir jetzt herleiten. Das zugrundeliegende Prinzip hierfür ist das Prinzip der *Erhaltung der Wahrscheinlichkeit*. Dieses besagt das folgende: Die Wahrscheinlichkeit, das Teilchen zur Zeit t in einer meßbaren Menge M zu finden , ist gleich der Wahrscheinlichkeit, daß das Teilchen zur Zeit t_0 in der Menge M_0 aller Anfangswerte (x_0, v_0) ist, die durch den Fluß $\Phi^{t_0,t}$ in die Menge M übergeführt werden. Dieses Prinzip wollen wir jetzt mathematisch präzisieren. Unter der Voraussetzung 1.2 erfüllt eine Schar von Wahrscheinlichkeitsmaßen μ_t offenbar das Prinzip der Erhaltung der Wahrscheinlichkeit, wenn für beliebige meßbare Mengen M_0 und beliebige Zeiten t gilt

$$\mu_t(\{\Phi^{t_0,t}q^0, \quad q^0 \in M_0\}) = \mu_0(M_0). \tag{1.5}$$

Hieraus und aus Gleichung (1.4) folgen Existenz und Eindeutigkeit des zugehörigen Maßflusses $t \to \mu_t$, denn für beliebige meßbare Mengen $M \in \Gamma$ ist

$$\mu_t(M) = \mu_0((\Phi^{t_0,t})^{-1}M) = \mu_0(\Phi^{t,t_0}M). \tag{1.6}$$

Setzen wir voraus, daß μ_0 absolut stetig ist, daß es also eine meßbare Funktion f_0 gibt, durch deren Integration das Maß μ_0 gegeben ist: $\mu_0(M) = \int_M f_0(q)dq$. Ein Satz von Rademacher[1] [68] besagt, daß sich die absolute Stetigkeit von μ_0 auf die Maße μ_t überträgt. Die Liouville–Gleichung besagt, wie im Falle divergenzfreier Kraftfelder F die zugehörigen Dichten berechnet werden können.

1.4 Satz *(Liouville-Gleichung)*: Das Kraftfeld F sei divergenzfrei, d.h. es sei $\nabla_v \cdot F = 0$ für alle (t, x, v). Ist μ_0 absolut stetig und $f_0 \in C^1(\Gamma)$ die zugehörige Dichte, so sind die Maße μ_t absolut stetig; ihre Dichten $f(t)$ sind stetig differenzierbar, konstant entlang Trajektorien:

$$f(t, \Phi^{t_0,t}q^0) = f_0(q^0) \tag{1.7}$$

und erfüllen die *Liouville–Gleichung*

$$\partial_t f + v \cdot \nabla_x f + \frac{1}{m}F \cdot \nabla_v f = 0. \tag{1.8}$$

Hierbei sind ∂_t die partielle Ableitung nach der Zeitvariablen t und ∇_x und ∇_v die Gradienten bezüglich der Orts- und Geschwindigkeitsvektoren x und v.

Beweis: Aus der Kettenregel und den Newton–Gleichungen folgt, daß die durch (1.7) definierte Funktion $f(t, q)$ stetig differenzierbar ist und die Liouville–Gleichung erfüllt.

---

[1]Satz: Ist $T : \Gamma \to \Gamma$ bijektiv und meßbar, und ist T^{-1} lokal Lipschitz–stetig, so folgt aus der absoluten Stetigkeit eines Maßes μ auf Γ die absolute Stetigkeit von $\mu \circ T^{-1}$.

Zu zeigen bleibt, daß die durch diese Funktionen definierten Maße μ_t dem Prinzip der Erhaltung der Wahrscheinlichkeit genügen. Hierzu ist zu zeigen, daß für beliebige meßbare Mengen M_0 die Funktion

$$t \longrightarrow \int_{\Phi^{t_0,t}(M_0)} f(t,q)\,dq =: \mathcal{C}(t) \tag{1.9}$$

konstant ist. Hierzu sei $t \in \mathbb{R}$ beliebig aber fest und $M := \Phi^{t_0,t}(M_0)$. Aus der Transformationsformel für Integrale und der Formel $\Phi^{t_0,\tau} = \Phi^{t_0,t} \circ \Phi^{t,\tau}$ folgt für $h \in \mathbb{R}$ mit $q := \Phi^{t+h,t}\tilde{q}$

$$\mathcal{C}(t+h) = \int_{\Phi^{t,t+h}M} f(t+h,\tilde{q})\,d\tilde{q} = \int_M f(t,q)|J|\,dq. \tag{1.10}$$

Hierbei ist $|J|$ die Determinante der Funktionalmatrix

$$J = (j_{k,l})_{k,l=1}^6 = \left(\frac{\partial \tilde{q}_k}{\partial q_l}\right)_{k,l=1}^6. \tag{1.11}$$

Es gilt für $h \to 0$

$$x(t+h) \;=\; x(t) + h \cdot v(t) + \mathcal{O}(h^2) \tag{1.12}$$

$$v(t+h) \;=\; v(t) + h \cdot F(x(t),v(t),t) + \mathcal{O}(h^2) \tag{1.13}$$

und damit an der Stelle $h = 0$

$$J = (j_{k,l})_{k,l=1}^6 = \left(\frac{\partial \tilde{q}_k}{\partial q_l}\right)_{k,l=1}^6 = \begin{pmatrix} 1 & 0 & 0 & 0 & 0 & 0 \\ 0 & 1 & 0 & 0 & 0 & 0 \\ 0 & 0 & 1 & 0 & 0 & 0 \\ 0 & 0 & 0 & 1 & 0 & 0 \\ 0 & 0 & 0 & 0 & 1 & 0 \\ 0 & 0 & 0 & 0 & 0 & 1 \end{pmatrix} \tag{1.14}$$

sowie

$$\left(\frac{\partial \dot{\tilde{q}}_k}{\partial q_l}\right)_{k,l=1}^6 = \begin{pmatrix} 0 & 0 & 0 & \frac{1}{m}\cdot\frac{\partial F_1}{\partial x_1} & 0 & 0 \\ 0 & 0 & 0 & 0 & \frac{1}{m}\cdot\frac{\partial F_2}{\partial x_2} & 0 \\ 0 & 0 & 0 & 0 & 0 & \frac{1}{m}\cdot\frac{\partial F_3}{\partial x_3} \\ 1 & 0 & 0 & \frac{1}{m}\cdot\frac{\partial F_1}{\partial v_1} & 0 & 0 \\ 0 & 1 & 0 & 0 & \frac{1}{m}\cdot\frac{\partial F_2}{\partial v_2} & 0 \\ 0 & 0 & 1 & 0 & 0 & \frac{1}{m}\cdot\frac{\partial F_3}{\partial v_3} \end{pmatrix}. \tag{1.15}$$

Daher ist

$$\frac{d}{dt}|J| = \sum_{i=1}^{6} \left| \frac{\partial \tilde{q}_1}{\partial q}, \ldots, \frac{\partial \dot{\tilde{q}}_i}{\partial q}, \ldots, \frac{\partial \tilde{q}_6}{\partial q} \right|$$

$$= \sum_{i=4}^{6} \left| \frac{\partial \tilde{q}_1}{\partial q}, \ldots, \frac{\partial \dot{\tilde{q}}_i}{\partial q}, \ldots, \frac{\partial \tilde{q}_6}{\partial q} \right| = \frac{1}{m} \nabla_v \cdot F = 0 \qquad (1.16)$$

und

$$\frac{d}{dt}\mathcal{C}(t) = \int_M \frac{d}{dt} f(t,q) \cdot |J| dq + \int_M f(t,q) \cdot \frac{d}{dt}|J| dq$$

$$= \int_M (\partial_t + v \cdot \nabla_x + F \cdot \nabla_v) f \cdot |J| dq = 0. \qquad \Box \qquad (1.17)$$

1.5 Bemerkungen: a) Formel (1.7) liefert ein konstruktives Verfahren zur Lösung der Liouville-Gleichung im divergenzfreien Fall: Man erhält die Lösung zur Zeit t im Punkt q nach "Zurückrechnen" der Trajektorien:

$$q^0 := \Phi^{t,t_0} q \qquad (1.18)$$

durch die Gleichung

$$f(t,q) := f_0(q^0). \qquad (1.19)$$

b) Nach dem Beweis von Satz 1.4 ist die Bedingung $\nabla_v \cdot F = 0$ hinreichend dafür, daß der Fluß $\Phi^{t_0,t}$ volumenerhaltend ist. Ist die Divergenzfreiheit nicht gewährleistet, so muß die Liouville-Gleichung geeignet modifiziert werden. Ein Beispiel hierfür bietet Aufgabe 1.8 c).

Das Konzept der "Lösung entlang Trajektorien" bietet die Möglichkeit, einen abgeschwächten Lösungsbegriff einzuführen. Dies ist im Bereich der kinetischen Gleichungen ein gebräuchliches Verfahren. Für den einfachsten Fall – die Lösungen der Liouville-Gleichung – bietet Satz 1.4 den Anhaltspunkt.

1.6 Definition *(Lösungen der Liouville-Gleichung)*: Stetig differenzierbare Funktionen, die die Gleichung (1.8) erfüllen, heißen *klassische* Lösungen der Liouville–Gleichung. Dagegen heißen Funktionen, welche konstant entlang Trajektorien sind, die also die schwächere Bedingung (1.7) erfüllen, *milde* Lösungen. (Unter der Voraussetzung 1.2 sind auch milde Lösungen eindeutig bestimmt.)

1.7 Beispiel: Bei der Herleitung der Liouville–Gleichung haben wir angenommen, daß das Kraftfeld F fest vorgegeben ist. Hierfür können die zu den Newton–Gleichungen gehörigen Trajektorien $T(.,q^0)$ a priori berechnet werden. (Milde) Lösungen erhält man, wenn man die Anfangsbedingungen entlang dieser Trajektorien konstant fortsetzt. Solche Gase wollen wir in Anlehnung an die gängige Literatur im folgenden *Knudsen–Gase* nennen. Als Beispiel möge ein Gas in einem konstanten Gravitationsfeld genügen: Die zu den Newton–Gleichungen

$$\dot{x} = v, \quad \dot{v} = \begin{pmatrix} 0 \\ 0 \\ 1 \end{pmatrix} \tag{1.20}$$

gehörigen Trajektorien sind gegeben durch

$$v(t) = v_0 + \begin{pmatrix} 0 \\ 0 \\ t \end{pmatrix}, \quad x(t) = x_0 + v_0 t + \frac{1}{2} \begin{pmatrix} 0 \\ 0 \\ t^2 \end{pmatrix}. \tag{1.21}$$

Die "Invertierung" der Trajektorien liefert die milden Lösungen

$$f(t,x,v) = f_0 \left(x - tv + \frac{1}{2} \begin{pmatrix} 0 \\ 0 \\ t^2 \end{pmatrix}, v - \begin{pmatrix} 0 \\ 0 \\ t \end{pmatrix} \right). \tag{1.22}$$

1.8 Aufgaben: a) In $\mathbb{R} \times \mathbb{R}$ sei eine Evolution beschrieben durch die Gleichungen

$$\dot{x} = v, \quad \dot{v} = x. \tag{1.23}$$

Leiten Sie die zugehörige Liouville-Gleichung her. Skizzieren Sie die Entwicklung kleiner Volumenelemente $dx\,dv$ unter diesem Fluß.

b) Auf ein geladenes Teilchen mit Ladung e_0 wirkt in einem Magnetfeld der Induktions-flußdichte B die Lorentzkraft $F = e_0 v \times B$. Zeigen Sie, daß $\nabla_v \cdot F = 0$, und leiten Sie die entsprechende Liouville–Gleichung her.

c) Die reibungsbehaftete Bewegung eines Testteilchens werde beschrieben durch die Reibungskraft $F = -\gamma \cdot v$. Zeigen Sie, daß i.a. $\nabla_v \cdot F \neq 0$; leiten Sie eine der Liouville–Gleichung entsprechende Gleichung für die Teilchenverteilung her.

1.9 Bemerkung *(Vlasov–Gleichung)*: Bisher haben wir die Dichten f jeweils als Wahrscheinlichkeitsdichten für 1-Teilchen–Verteilungen angesehen. Wir können sie aber auch interpretieren als (Massen-) Verteilung eines Vielteilchensystems. Handelt es sich hierbei um ein Teilchensystem mit einem Fern-Wechselwirkungsfeld – z.B. ein Gravitationsfeld in einem Sternensystem oder ein elektrisches Feld im Falle eines Gasplasmas –, so wird das Kraftfeld durch die Verteilung der Teilchen erzeugt. In den oben aufgeführten Fällen ist

$$F[f](t,x) = \gamma \int_{\mathrm{I\!R}^3} \frac{x-y}{|x-y|^3} f(t,y,v)\,dy\,dv. \tag{1.24}$$

(Für anziehende Kräfte, insbesondere also im Fall der Stellardynamik, ist $\gamma > 0$.) Die durch diese Gleichung ergänzte Liouville–Gleichung, welche nun nichtlinear in der Dichte f ist, heißt *Vlasov–Gleichung*.

1.3   Randbedingungen

Ziel dieses Abschnitts ist die Formulierung von Randbedingungen für ein Knudsen–Gas, welches durch (physikalische) Wände in einem beschränkten Ortsraum Ω eingeschlossen ist.

Wir beginnen mit einer Vorüberlegung. Im folgenden sei $\Omega \subset \mathrm{I\!R}^3$ ein zusammenhängendes Gebiet mit glattem Rand $\partial\Omega$. Insbesondere sei in jedem Punkt $a \in \partial\Omega$ eindeutig ein Normalenvektor $n(a)$ definiert, der ins Innere von Ω zeigt. Wie entwickelt sich die Gesamtmasse aller in Ω enthaltenen Teilchen unter der in Abschnitt 1.2 beschriebenen Dynamik? Es sei $f(t,.)$ die Dichte der Teilchenverteilung zur Zeit t.

Einsetzen in die Liouville-Gleichung ergibt

$$\frac{d}{dt} \int_\Omega \int_{\mathrm{IR}^3} f(t,x,v) d^3v d^3x = \int_\Omega \int_{\mathrm{IR}^3} \partial_t f(t,x,v) d^3v d^3x = \tag{1.25}$$

$$= -\int_\Omega \int_{\mathrm{IR}^3} v \cdot \nabla_x f(t,x,v) d^3v d^3x - \frac{1}{m} \int_\Omega \int_{\mathrm{IR}^3} F \cdot \nabla_v f(t,x,v) d^3v d^3x.$$

Die Anwendung des Satzes von Gauß auf das Gebiet Ω und auf Kugeln $K_\rho := \{v \in \mathrm{IR}^3 : \|v\| \le \rho\}$ ergibt

$$\frac{d}{dt} \int_\Omega \int_{\mathrm{IR}^3} f(t,x,v) d^3v d^3x = \int_{\partial\Omega} \int_{\mathrm{IR}^3} \langle n(a),v \rangle f(t,a,v) d^3v d^2\omega(a) \tag{1.26}$$

$$-\frac{1}{\rho m} \int_\Omega \int_{\partial K_\rho} \langle F,b \rangle f(t,x,\rho \cdot b) d^2\omega(b) d^3x + \frac{1}{m} \int_\Omega \int_{K_\rho^c} f(t,x,v) d^3v d^3x$$

mit den kanonischen Oberflächenmaßen $d^2\omega$ auf $\partial\Omega$ bzw. ∂K_ρ. Der letzte Term auf der rechten Seite verschwindet im Grenzfall $\rho \to \infty$, da f integrierbar ist. Setzen wir voraus, daß f für große v genügend schnell abfällt (es genügt anzunehmen, daß f ein System endlicher kinetischer (d.h. Bewegungs-) Energie beschreibt:

$$\frac{m}{2} \int_\Omega \int_{\mathrm{IR}^3} v^2 f_0(x,v) d^3v d^3x < \infty), \tag{1.27}$$

so verschwindet auch der zweite Term und wir erhalten

$$\frac{d}{dt} \int_\Omega \int_{\mathrm{IR}^3} f(t,x,v) d^3v d^3x = \int_{\langle n(a),w \rangle > 0} |\langle n(a),w \rangle| f(t,a,w) d^3w d^2\omega(a)$$

$$- \int_{\langle n(a),v \rangle < 0} |\langle n(a),v \rangle| f(t,a,v) d^3v d^2\omega(a). \tag{1.28}$$

Die Bedingung $\langle n(a),w \rangle > 0$ beschreibt eine Trajektorie, welche in das Gebiet $\Omega \times \mathrm{IR}^3$ hineinführt. Dies legt folgende Interpretation nahe: $\langle n(a),w \rangle f(t,a,w) d^3w d^2\omega(a) dt$ ist der Anteil derjenigen Teilchen, welche im Zeitintervall dt durch das Randstück $d\omega(a)$ mit einer Geschwindigkeit $w \in d^3w$ in das Gebiet Ω hineinfliegen. Entsprechend stellt das zweite Integral den Anteil der herausfliegenden Teilchen dar.

Nehmen wir nun an, daß die Wand $\partial\Omega$ für die Teilchen undurchdringlich ist. Insbesondere bleibt das Teilchensystem, welches sich am Anfang in Ω befindet, darin eingeschlossen. Dies modellieren wir dadurch, daß ein Teilchen aus Ω, welches auf die Wand auftrifft, nach Ω zurückreflektiert wird. In diesem Fall muß die Liouville–Gleichung ergänzt werden durch Randbedingungen, welche eine Bilanz aufstellen zwischen herausfliegenden (d.h. auf die Wand auftreffenden) und hineinfliegenden (d.h.

zurückreflektierten) Teilchen. Randbedingungen werden mit Hilfe von Reflexionsgesetzen formuliert. Für die meisten Anwendungsfälle genügen zwei Klassen von Reflexionsgesetzen sowie Linearkombinationen davon:

1.10 Definition: 1) *Deterministische Reflexionsgesetze* werden durch bijektive Abbildungen

$$R(a; .) : \{v : \langle n(a), v \rangle < 0\} \longrightarrow \{v : \langle n(a), v \rangle > 0\} \tag{1.29}$$

formuliert: Teilchen, die mit der Geschwindigkeit v bei a auf die Wand auftreffen, werden reflektiert und verlassen die Wand mit der neuen Geschwindigkeit $w = R(a; v)$. Die zugehörige Randbedingung lautet

$$|\langle n(a), v \rangle| f(t, a, v) = |\langle n(a), R(a; v) \rangle| f(t, a, R(a; v)) \tag{1.30}$$

für alle v mit $\langle n(a), v \rangle < 0$.

2) *Stochastische Reflexionsgesetze* werden beschrieben durch Scharen von Wahrscheinlichkeitsmaßen $\{R_a(.|v) : \langle n(a), v \rangle < 0\}$ auf der Menge $\{w \in \mathbb{R}^3 : \langle n(a), w \rangle > 0\}$ der in den Ortsraum hineinweisenden Geschwindigkeiten. Trifft ein Teilchen mit der Geschwindigkeit v im Punkt $a \in \partial\Omega$ auf die Wand auf, so wird es zufällig gemäß $R_a(.|v)$ zurückreflektiert. $R_a(.|v)$ gibt damit die Geschwindigkeitsverteilung aller dieser Teilchen nach dem Stoß mit der Wand an. Sind die Maße R_a absolut stetig, d.h. $R_a(d^3w|v) = r_a(w|v)d^3w$, so lautet die zugehörige Randbedingung für $\langle n(a), w \rangle > 0$

$$|\langle n(a), w \rangle| f(t, a, w) = \int_{\langle n(a), v \rangle < 0} r_a(w|v)|\langle n(a), v \rangle| f(t, a, v) d^3v. \tag{1.31}$$

1.11 Beispiele: 1) Die *elastische* (oder Spiegel-) Reflexion wird beschrieben durch die Abbildung

$$R_{el}(a; v) = v - 2\langle n(a), v \rangle n(a). \tag{1.32}$$

Bei der elastischen Reflexion ändert sich die *kinetische Energie* $E_{kin} := m/2 \cdot v^2$ der Teilchen nicht. Die Komponente des *Impulses* $p := mv$ senkrecht zu $n(a)$ bleibt ebenfalls unverändert, die Komponente parallel zu $n(a)$ ändert ihr Vorzeichen. (Die elastische Reflexion spielt auch eine große Rolle bei der Modellierung von Stößen von Gasteilchen untereinander, s. *Hartkugelgas*.) Mit Hilfe der Distributionen–Schreibweise kann die elastische Reflexion formal als stochastisches Reflexionsgesetz geschrieben werden:

$$r_a(.|w) = \delta_{R_{el}(a;w)}(.). \tag{1.33}$$

2) Die *diffuse* Reflexion mit der Wandtemperatur T wird durch ein stochastisches Reflexionsgesetz beschrieben. Die zugehörigen Wahrscheinlichkeitsmaße sind absolut stetig und unabhängig von der Auftreffgeschwindigkeit w. Definiert wird die diffuse Reflexion durch die Forderungen, daß die Nach-Stoß-Geschwindigkeit unabhängig ist von der Geschwindigkeit vor dem Stoß, und daß die *Gleichgewichtsverteilungen*

$$M_T(v) = \frac{1}{(2T)^{5/2}} \cdot \exp\left(-\frac{|v|^2}{2T}\right) \tag{1.34}$$

invariant bezüglich der diffusen Reflexion sind, d.h.

$$\langle n(a), v\rangle M_T(v) = \int_{\langle n(a),w\rangle<0} r_T(v|w) \cdot |\langle n(a), w\rangle| \cdot M_T(w)d^3w. \tag{1.35}$$

Hiermit ist $r_T(v|w) \sim \langle n(a), v\rangle \cdot M_T(v)$ und – nach Multiplikation mit der Normierungskonstanten

$$r_T(v|w) = \frac{2}{\pi} \cdot \sqrt{2T} \cdot \langle n(a), v\rangle \cdot M_T(v). \tag{1.36}$$

3) Das *Maxwellsche Reflexionsgesetz* mit Akkommodationskoeffizient $\lambda \in [0,1]$ ist eine Kombination der ersten beiden Beispiele:

$$r_T^{(\lambda)}(v|w) = \lambda\delta_{R_{el}(a;w)}(v) + (1 - \lambda)r_T(v|w). \tag{1.37}$$

4) Weitere Beispiele sind die inverse Reflexion, bei der Geschwindigkeiten ihre Vorzeichen wechseln

$$R(a;v) := -v \tag{1.38}$$

sowie als Modifikation der diffusen Reflexion das Cercignani-Lampis–Modell [29].

1.4   Teilchenstöße

Wir untersuchen die Wirkung von Stößen zweier Teilchen – bezeichnet $T1$ und $T2$ – mit den Massen m_1 und m_2, welche mit den Geschwindigkeiten v' und w' aufeinandertreffen und mit neuen Geschwindigkeiten v und w wieder auseinanderfliegen. Als Wechselwirkungsmodelle können das Modell harter Kugeln, welche beim Stoß aneinander abprallen, oder auch ein (kugelsymmetrisches) Wechselwirkungspotential mit kompaktem Träger dienen. Details des Stoßvorganges wie der genaue Verlauf der Teilchenbahnen während der Wechselwirkung interessieren an dieser Stelle nicht, sondern lediglich die Beziehungen der Vor-Stoß- und Nach-Stoß-Geschwindigkeiten zueinander. Wir betrachten nur Stöße, welche der Erhaltung der kinetischen Energie und der Erhaltung des Impulses genügen.

1.4.1   Ortsfeste Streuteilchen

$T1$ sei ein punktförmiges Teilchen der Masse $m_1 =: m$ und der Geschwindigkeit $v \neq 0$. $T2$ sei ein sehr schweres Teilchen, welches durch einen Stoß mit $T1$ nicht beeinflußt wird. Wir idealisieren und modellieren dies durch die Annahme $m_2 = \infty$. Wir stellen uns $T2$ als eine Kugel mit Radius R vor. Das Teilchen sei ortsfest, also $w' = w = 0$. Das Koordinatensystem sei so gewählt, daß das Streuteilchen im Nullpunkt ruht.

Energieerhaltende Stöße

Das Testteilchen $T1$ treffe mit der Geschwindigkeit v' auf das Streuteilchen $T2$ auf, erfahre eine Wechselwirkung und verlasse mit einer neuen Geschwindigkeit v den Wechselwirkungsbereich. Wir setzen voraus, daß sich bei dem Stoß $v' \to v$ die kinetische Energie nicht ändert, daß also gilt

$$\frac{m}{2} v'^2 = \frac{m}{2} v^2. \tag{1.39}$$

Um herauszufinden, welche Nach-Stoß–Geschwindigkeiten v bei vorgegebener Vor-Stoß–Geschwindigkeit v' möglich sind, wählen wir für v den Ansatz

$$v = v' - A \cdot \eta \tag{1.40}$$

mit einem Einheitsvektor $\eta \in S^2$ und einem Skalar A. Aus der Energieerhaltungsbedingung folgt durch elementare Rechnung $A = 2\langle v', \eta \rangle$, also

$$v = v' - 2\langle v', \eta \rangle \cdot \eta. \tag{1.41}$$

1.12 Satz: Unter Erhaltung der kinetischen Energie und bei gegebener Vor-Stoß–Geschwindigkeit v' ist die Menge der möglichen Nach-Stoß–Geschwindigkeiten v eine zweidimensionale Mannigfaltigkeit, welche parametrisiert werden kann mit Hilfe von Einheitsvektoren $\eta \in S^2$ durch

$$\eta \longrightarrow T_\eta v' := v' - 2\langle v', \eta \rangle \cdot \eta. \tag{1.42}$$

Die Abbildung $T_\eta v'$ hat die folgenden Eigenschaften.

a) Es ist $T_\eta = T_{-\eta}$.

b) T_η ist eine Involution, d.h. $T_\eta \circ T_\eta = \mathrm{id}$.

c) Für vorgegebenes η hat die Funktionaldeterminante $|\partial T_\eta v'/\partial v'|$ den Wert 1.

Beweis: Die Aussagen a) und b) folgen aus elementaren Rechnungen (vgl. Aufgabe 1.13). Aus $T_\eta^2 = \mathrm{id}$ folgt unmittelbar Aussage c). $\square$

1.13 Aufgabe: Weisen Sie die Aussagen a) und b) aus Satz 1.12 nach.

Der Stoßparameter

Wir wählen nun unser Koordinatensystem so, daß v' in Richtung des kanonischen Einheitsvektors e_3 liegt, d.h. $v' = (0, 0, |v|)^T$. Es sei entweder das Streuteilchen eine elastische Kugel mit Radius $R > 0$, oder die Wechselwirkung zwischen beiden Teilchen sei gegeben durch ein konservatives Zentralkraftfeld mit Wechselwirkungsradius R. Nähert sich das Testteilchen dem Streuteilchen auf der Bahn $\tau \to (\rho \cos \phi, \rho \sin \phi, \tau |v|)^T$, so besagen die Gesetze der klassischen Mechanik, daß $v = T_\eta v'$ mit einem Einheitsvektor $\eta = (\sin \theta \cos \phi, \sin \theta \sin \phi, \cos \theta)^T$, $\theta \in [0, \pi/2]$, $\phi \in [0, 2\pi)$; θ ist hierbei abhängig von dem *Stoßparameter* ρ und der Auftreffgeschwindigkeit $|v|$:

$$\theta = \theta(\rho, |v|) \tag{1.43}$$

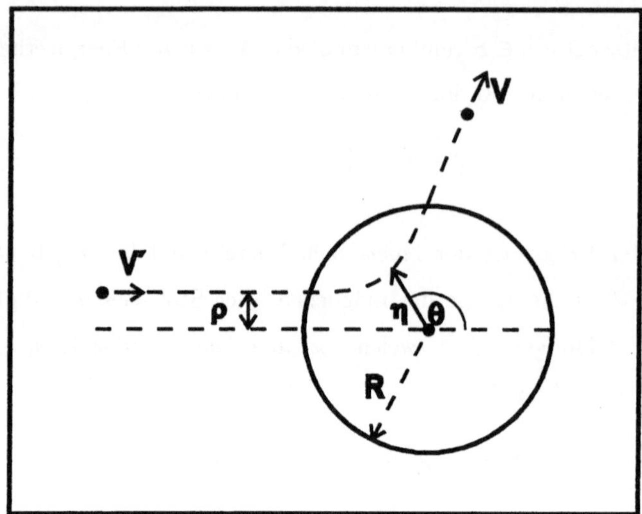

Abbildung 1.1: Der Stoßparameter

(vgl. Abb. 1.1). Ist θ bekannt, so ist

$$v = T_\eta v' = |v| \cdot \begin{pmatrix} -2\sin\theta\cos\theta\cos\phi \\ -2\sin\theta\cos\theta\sin\phi \\ 1 - 2\cos^2\theta \end{pmatrix} = -|v| \cdot \begin{pmatrix} \sin(2\theta)\cos\phi \\ \sin(2\theta)\sin\phi \\ \cos(2\theta) \end{pmatrix}. \qquad (1.44)$$

Wir erkennen, daß der Winkel ϕ beim Stoß unverändert bleibt und daß θ den halben Ablenkwinkel beschreibt.

1.14 Beispiele: a) Ist $T2$ eine harte Kugel, an der $T1$ elastisch reflektiert wird, so erfolgt die Impulsänderung beim Stoß in Richtung des Auftreffpunktes p,

$$p = (\rho\cos\phi, \rho\sin\phi, -\sqrt{R^2 - \rho^2})^T. \qquad (1.45)$$

Da η die Richtung der Impulsänderung angibt, ist $\eta \sim p$, also

$$\eta = \begin{pmatrix} \frac{\rho}{R}\cos\phi \\ \frac{\rho}{R}\sin\phi \\ -\sqrt{1 - (\rho/R)^2} \end{pmatrix}, \qquad (1.46)$$

und damit $\theta = \theta(\rho, |v|) = \arcsin(\rho/R)$ oder

$$\rho(\theta) = R \cdot \sin\theta. \qquad (1.47)$$

b) Wechselwirkungspotential: Ist die Wirkung eines Streuteilchens auf das Testteilchen gegeben durch ein Zentralkraftfeld, so ist die Abhängigkeit der Größen ρ und θ voneinander nur zu berechnen durch Integration der zugehörigen Bewegungsgleichungen. Die Funktionen $\rho(\theta)$ bzw. $\theta(\rho)$ werden hierbei implizit durch Integrale beschrieben und können i.a. nicht explizit angegeben werden. In der kinetischen Theorie werden diese Zusammenhänge in der Regel durch einfacher zu handhabende Funktionen modelliert, z.B. durch Potenzgesetze $\theta \sim \rho^{\alpha}$. (Für Details der Zwei-Teilchen-Wechselwirkung siehe die einschlägigen Lehrbücher der Klassischen Mechanik.)

1.4.2 Stösse zweier gleicher Teilchen

Hier seien nun $T1$ und $T2$ zwei Teilchen mit gleichem Radius R und gleicher Masse $m_1 = m_2 = 1$. Formuliert werden sollen zwei–Teilchen–Stöße $(v', w') \to (v, w)$, bei denen Impulserhaltung:

$$v' + w' = v + w \tag{1.48}$$

und Energieerhaltung:

$$\frac{1}{2}(v'^2 + w'^2) = \frac{1}{2}(v^2 + w^2) \tag{1.49}$$

gewährleistet sind. Wählen wir wie früher für v einen Ansatz der Form $v = v' - A \cdot \eta$ mit einem Einheitsvektor η, so folgt aus der Impulserhaltung $w = w' + A \cdot \eta$ und aus der Energieerhaltungsgleichung $A = \langle v - w, \eta \rangle$.

1.15 Satz: a) Zwei Geschwindigkeitspaare (v', w') und (v, w), für welche die Gleichungen (1.48) und (1.49) gelten, stehen untereinander in der Beziehung

$$\begin{pmatrix} v \\ w \end{pmatrix} = T_\eta(v', w'), \tag{1.50}$$

wobei η ein Einheitsvektor ist und $T_\eta = (T_\eta^{(1)}, T_\eta^{(2)})^T$ definiert ist durch

$$T_\eta^{(1)}(v', w') = v' - \langle v' - w', \eta \rangle \cdot \eta, \tag{1.51}$$

$$T_\eta^{(2)}(v', w') = w' + \langle v' - w', \eta \rangle \cdot \eta. \tag{1.52}$$

b) Es ist $T_\eta = T_{-\eta}$ und $T_\eta \circ T_\eta = \mathrm{id}$.

c) T_η ist bezüglich (v', w') differenzierbar; für den Wert der Funktionaldeterminante gilt

$$\left| \frac{\partial(v, w)}{\partial(v', w')} \right| = 1; \tag{1.53}$$

insbesondere gilt bei Integraltransformation

$$d^3 v' d^3 w' = d^3 v d^3 w. \tag{1.54}$$

d) Es gelten die Erhaltungsgleichungen

$$|v - w| = |v' - w'| \text{ und } \langle \eta, v - w \rangle = \langle \eta, v' - w' \rangle. \tag{1.55}$$

Beweis: Die Beziehung zwischen (v', w') und (v, w) wurde bereits oben hergeleitet. Die Aussagen in b) und d) folgen aus elementaren Rechnungen und sollen vom Leser in Aufgabe 1.16 gezeigt werden. Der Wert der Funktionaldeterminante folgt unmittelbar aus der Tatsache, daß T_η eine Involution ist. $\square$

1.16 Aufgabe: Weisen Sie die Aussagen b) und d) des Satzes 1.14 nach.

Wie vorher hängt die Richtung η der Impulsänderung von einem Stoßparameter ab. In einem Bezugssystem, in dem $T2$ vor dem Stoß ruht, also $w' = 0$, und v' in Richtung des Einheitsvektors e_3 zeigt, liegt η in der Ebene, welche durch die Bahn $\tau \rightarrow (\rho \cos\theta, \rho \sin\theta, 0)^T + \tau \cdot v'$ des ersten Teilchens vor dem Stoß und dem Mittelpunkt des zweiten Teilchens aufgespannt wird (vgl. Abb. 1.2). Damit ist in diesem Koordinatensystem

$$\eta = \begin{pmatrix} \sin\theta \cos\phi \\ \sin\theta \sin\phi \\ \cos\theta \end{pmatrix} \tag{1.56}$$

mit einem vom Stoßparameter ρ und von $|v - w| = |v' - w'|$ abhängigen Winkel $\theta \in [0, \pi/2]$:

$$\theta = \theta(\rho, |v - w|). \tag{1.57}$$

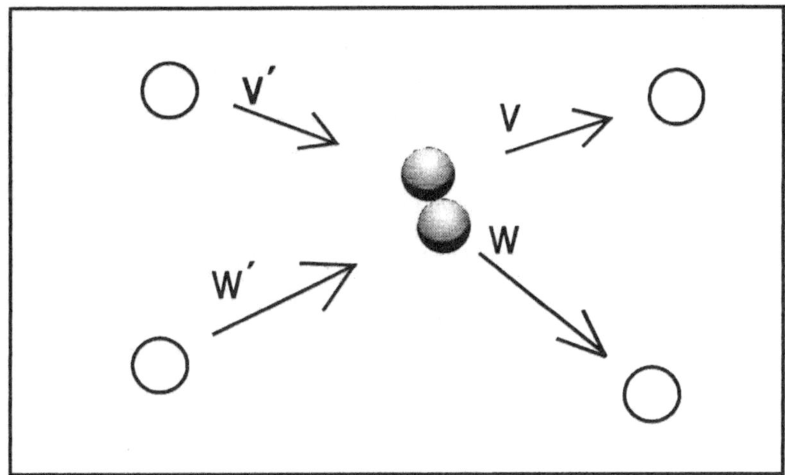

Abbildung 1.2: Zwei-Teilchen-Stöße

Wir setzen im folgenden voraus, daß θ eine glatte, bzgl. ρ streng monoton wachsende Funktion ist und $\theta(0, |v - w|) = 0$ sowie $\theta(R, |v - w|) = \pi/2$. [2]

1.17 Aufgabe: Zeigen Sie, daß für harte Kugeln gilt

$$\theta = \arcsin(\rho/R). \tag{1.58}$$

(Hinweis: Beachten Sie, daß bei harten Kugeln die Impulsänderung in Richtung des Auftreffpunktes zeigt.)

1.5 Kinetische Gleichungen

In kinetischen Gleichungen wird die Liouville–Gleichung ergänzt durch einen Integraloperator, welcher den Gewinn und Verlust für $f(v)dv$ in einem Volumenelement dv durch Stöße bilanziert.

---

[2]Diese Beziehungen sind z.B. erfüllt, wenn die Wechselwirkung zwischen den Teilchen durch ein abstoßendes konservatives Zentralkraftfeld bestimmt wird. (Im Falle von harten Kugeln vgl. Aufgabe 1.17.)

1.5.1 Der Boltzmann–Grad–Limes

Aufgrund der Überlegungen der vorhergehenden Abschnitte wollen wir die Formulierung kinetischer Gleichungen als angemessene Modellierung von Vielteilchensystemen motivieren. Eine strikte Herleitung dieser Gleichungen bleibt uns in diesem Rahmen versagt. Wir werden aber auf entsprechende Originalliteratur verweisen.

Verdeutlichen wir uns die Vorgehensweise am Fall ortsfester Streuteilchen. Es sei N die Anzahl zufällig verteilter Streuteilchen in einer Volumeneinheit. Jedes dieser Streuteilchen habe einen Wechselwirkungsradius R mit dem Testteilchen. Die Wahrscheinlichkeit, daß ein Testteilchen, welches zu einem bestimmten Zeitpunkt einen Punkt x_0 im Ortsraum mit einer Geschwindigkeit v_0 durchfliegt, in einem Zeitintervall Δt auf ein solches Streuteilchen trifft, ist gleich der Wahrscheinlichkeit, daß sich in dem *Stoßzylinder*

$$Z_{\Delta t} = \{x \mid \inf_{t \in [0,\Delta t]} |x - (x_0 + tv_0)| \leq R\} \tag{1.59}$$

der Mittelpunkt eines Streuteilchens befindet. Das Volumen $Vol_{\Delta t}$ von $Z_{\Delta t}$ ist ungefähr gleich $\pi R^2 \cdot \Delta t \cdot |v_0|$. Ist die Wahrscheinlichkeit, ein Streuteilchen in einem Volumenelement ΔX zu finden, proportional zu $N \cdot \Delta X$, also gleich $N \cdot \sigma \cdot \Delta X$ mit einer geeigneten Proportionalitätskonstante σ, so ist die Wahrscheinlichkeit, daß unser Testteilchen durch ein Streuteilchen abgelenkt wird, gleich

$$\pi R^2 \cdot N \cdot \sigma \cdot \Delta t \cdot |v_0|. \tag{1.60}$$

Der *Boltzmann-Grad-Limes* besteht darin, die Wechselwirkungsradien R der Streuteilchen zu verkleinern und gleichzeitig ihre Anzahl N so zu erhöhen, daß die Wahrscheinlichkeit für eine Wechselwirkung unverändert bleibt. Zu untersuchen ist also der Limes

$$N \to \infty, \quad R \to 0, \quad N \cdot R^2 = \text{const.} \tag{1.61}$$

Bewegt sich ein Testteilchen in einem Feld ortsfester Streuteilchen mit Radius R und wird es an einem Ort von einem dieser Streuteilchen abgelenkt, so kann es, wenn es nach weiteren Stößen wieder in die Nähe dieses Ortes kommt, wieder auf das gleiche

Teilchen treffen. Dieser sog. "*Memory–Effekt*" wird für $N \to \infty$ aufgehoben. Die Wahrscheinlichkeit, daß das Testteilchen zweimal auf das gleiche Streuteilchen stößt, verschwindet im Boltzmann–Grad-Limes. Außerdem werden die Wechselwirkungszeiten verschwindend klein, sodaß Stöße als Unstetigkeiten in den Geschwindigkeitskomponenten der Teilchentrajektorien behandelt werden können. Hierdurch erhält im linearen Fall die Bahn eines Testteilchens den Charakter einer Trajektorie eines Markov–Prozesses. Die Herleitung des Generators dieses Prozesses führt auf die Formulierung linearer kinetischer Gleichungen. Eine ähnliche Herleitung ist im Falle großer interagierender Teilchensysteme mit Stoß–Wechselwirkungen wie in Abschnitt 1.4.2 möglich, welche auf die nichtlineare *Boltzmann–Gleichung* führt. Diese Gleichungen sind der Gegenstand des vorliegenden Buches. Dennoch überschreitet eine mathematisch rigorose Herleitung den hier möglichen Rahmen. Wir begnügen uns mit heuristischen Argumenten. Strenge Herleitungen sind für den Fall des *Lorentzgases* (ortsfeste Streuteilchen) in [71] und für die Boltzmann-Gleichung in [54] zu finden.[3]

1.5.2 Die lineare Lorentzgas–Gleichung

Nehmen wir also an, ein Testteilchen befinde sich auf seiner Bahn durch ein Feld von Streuteilchen. Zur Vereinfachung der Argumentation nehmen wir an, daß kein äußeres Feld vorhanden ist, daß also

$$F \equiv 0. \tag{1.62}$$

(Die Ergebnisse lassen sich anschließend unmittelbar auf beliebige Kraftfelder F übertragen.) Das Testteilchen wechselwirkt innerhalb des (kleinen) Zeitraums Δt mit einem Streuteilchen, wenn sich ein solches innerhalb des Stoßzylinders $Z_{\Delta t}$ befindet. Nehmen wir an, daß die Wahrscheinlichkeit, innerhalb eines kleinen Volumens ΔX auf ein solches Streuteilchen zu treffen, proportional zum Volumen ΔX ist, also gleich $\sigma \cdot \Delta X$. Würde das Testteilchen hierbei absorbiert, also beim Auftreffen auf das Streuteilchen aus dem

---

[3]Übrigens führten ähnliche heuristische Argumente wie die hier aufgeführten zur Formulierung der fundamentalen Gleichung der kinetischen Gastheorie durch L. Boltzmann [24].

Ortsraum verschwinden, so müßte die Liouville–Gleichung durch Einführung eines *Verlustterms* im Boltzmann-Grad-Limes modifiziert werden:

$$(\partial_t + v \cdot \nabla_x)f(t,x,v) = -\sigma_0 \cdot |v|f(t,x,v) \tag{1.63}$$

mit $\sigma_0 = \lim_{N \to \infty} N\pi R^2 \sigma$. Wir müssen jedoch berücksichtigen, daß gestreute Teilchen nicht verschwinden, sondern mit geänderter Geschwindigkeit weiterfliegen. Damit muß zunächst untersucht werden, mit welcher Wahrscheinlichkeit ein Testteilchen mit Geschwindigkeit v' in ein kleines Volumenelement ΔV gestreut wird. Befindet sich ein Streuteilchen im Stoßzylinder, so ist die Wahrscheinlichkeitsverteilung für den Stoßparameter ρ proportional zu $\rho d\rho$, also gleich

$$\frac{2}{R^2} \cdot \rho d\rho. \tag{1.64}$$

Die Nach-Stoß-Geschwindigkeit v ist gegeben durch die Abbildung $T_\eta v'$ des Abschnitts 1.4.1, wobei der Einheitsvektor η bestimmt ist durch den Winkel $\theta = \theta(\rho, R) = \theta(\rho/R)$ zu v' und einen weiteren Winkel ϕ, welcher zwischen 0 und 2π gleichverteilt ist. Genauer: Ist

$$v' = |v| \cdot Q \begin{pmatrix} 0 \\ 0 \\ 1 \end{pmatrix} \tag{1.65}$$

mit einer orthogonalen Transformation Q, durch welche der kanonische Basisvektor $(0,0,1)^T$ auf den normalisierten Geschwindigkeitsvektor $v'/|v|$, so ist

$$\eta = Q \begin{pmatrix} \sin\theta \cos\phi \\ \sin\theta \sin\phi \\ \cos\theta \end{pmatrix}. \tag{1.66}$$

Nach Voraussetzung ist $\theta(\rho/R)$ ein Diffeomorphismus. Damit ist (mit $\rho_0 := \rho/R$) die Wahrscheinlichkeit $P_{v'}(\Delta V)$ eines Testteilchens mit der Geschwindigkeit v', in den Bereich ΔV gestreut zu werden, gleich

$$P_{v'}(\Delta V) = \frac{\sigma_0}{2\pi} \cdot |v'| \int_0^{2\pi} \frac{2}{R^2} \int_{\rho:v=T_{\eta(\theta(\rho_0),\phi)} \in \Delta V} \rho d\rho d\phi$$

$$= \frac{\sigma_0}{\pi}|v'| \int_0^{2\pi} \int_{\theta \in [0,\pi/2] : T_\eta v' \in \Delta V} \rho_0(\theta) \frac{d\rho_0}{d\theta} d\theta d\phi$$

$$= \sigma_0 \int_{\eta \in S_+^2 : T_\eta v' \in \Delta V} k(|v'|,\theta) d\omega(\eta). \tag{1.67}$$

Hierbei ist

$$k(|v|,\theta) = 4|v| \cdot \frac{\rho_0(\theta)}{\sin\theta} \cdot \frac{d\rho_0}{d\theta}; \tag{1.68}$$

$d\omega$ ist das Oberflächenmaß auf der Einheitskugel:

$$d\omega(\eta) = \frac{1}{4\pi} \sin\theta d\theta d\phi, \tag{1.69}$$

wobei η durch θ und ϕ wie in Formel (1.66) gegeben ist, und S_+^2 ist die Menge der Einheitsvektoren $\eta \in S^2$, für die $\langle \eta, v' \rangle > 0$. Ist nun $f(v')$ die Verteilung des Testteilchens im vorgegebenen Ort, so ist

$$\int_{\eta \in S_+^2 : T_\eta v' \in \Delta V} k(|v'|,\theta) d\omega(\eta) \cdot f(v') = \int_{\eta \in S_+^2 : v' \in T_\eta(\Delta V)} f(v') k(|v'|,\theta) d\omega(\eta). \tag{1.70}$$

(Die rechte Seite folgt aus der Tatsache, daß T_η eine Involution ist, vgl. Satz 1.12 b).)
Es sei nun $\Delta V = dv$ ein kleines Volumenelement um v. Ist $v' \in T_\eta(\Delta V)$, so gilt offenbar $v' \approx T_\eta v$. Da T_η maßerhaltend ist (Satz 1.12 (c)), folgt, daß

$$\int_{\mathrm{IR}^3} \int_{\eta \in S_+^2 : v' \in T_\eta(\Delta v)} f(v') k(|v'|,\theta) d\omega(\eta) dv' = \int_{\eta \in S_+^2} f(T_\eta v) k(|v|,\theta) d\omega(\eta) dv \tag{1.71}$$

der Anteil ist, der in den Geschwindigkeitsbereich dv gestreut wird. Fügen wir diesen Term als *Gewinnterm* der rechten Seite der Gleichung hinzu, so erhalten wir mit $v' = T_\eta v$ die

1.18 Lorentzgas–Gleichung:

$$(\partial_t + v \cdot \nabla_x) f(t,x,v) = \sigma_0 \left(\int_{\eta \in S_+^2} f(t,x,v') k(|v'|,\theta) d\omega(\eta) - |v| f(t,x,v) \right)$$

$$= \sigma_0 \int_{\eta \in S_+^2} (f(t,x,v') - f(t,x,v)) k(|v|,\theta) d\omega(\eta). \tag{1.72}$$

Wegen $T_\eta = T_{-\eta}$ (Satz 1.12 a)) können wir die Integration auf die Oberfläche S^2 der ganzen Einheitskugel ausdehnen und erhalten hierdurch

$$(\partial_t + v \cdot \nabla_x) f(t,x,v) = \frac{\sigma_0}{2} \int_{S^2} (f(t,x,v') - f(t,x,v)) k(|v|,\theta) d\omega(\eta). \tag{1.73}$$

1.19 Aufgabe: a) Zeigen Sie, daß die Lorentzgas–Gleichung für das Hartkugelmodell lautet

$$(\partial_t + v \cdot \nabla_x) f(t,x,v) \;=\; 4\sigma_0 \cdot |v| \int_{S^2_+} (f(t,x,v') - f(t,x,v)) \cos\theta \, d\omega(\eta). \quad (1.74)$$

b) Führen Sie die Transformation

$$\eta = Q \begin{pmatrix} \sin\theta \cos\phi \\ \sin\theta \sin\phi \\ \cos\theta \end{pmatrix} \longrightarrow Q \begin{pmatrix} \sin(2\theta) \cos\phi \\ \sin(2\theta) \sin\phi \\ \cos(2\theta) \end{pmatrix} =: \eta' \quad (1.75)$$

durch (vgl. (1.66)) und zeigen Sie damit, daß

$$(\partial_t + v \cdot \nabla_x) f(t,x,v) \;=\; \sigma_0 \cdot |v| \int_{S^2} (f(t,x,T^*_{\eta'}v) - f(t,x,v)) \, d\omega(\eta'), \quad (1.76)$$

wobei

$$T^*_\eta v = -|v| \cdot \eta'. \quad (1.77)$$

1.20 Aufgabe: Leiten Sie die kinetische Gleichung für ein zweidimensionales Hartkugelmodell her. (Stellen Sie sich hierzu einen Billardtisch vor, auf dem eine große Anzahl kleiner runder Scheiben fest angebracht sind, zwischen denen sich ein punktförmiges Teilchen unter elastischen Stößen reibungsfrei bewegt.)

1.5.3   Die Boltzmann-Gleichung

Ähnliche Überlegungen wie im Falle des Lorentzgases lassen sich auch im Fall von N im Sinn des Abschnitts 1.4.2 miteinander interagierenden Teilchen im Boltzmann-Grad-Limes anstellen. Betrachten wir hierzu zunächst die Wahrscheinlichkeit, daß ein Teilchen mit der Geschwindigkeit v innerhalb eines Zeitintervalles Δt auf ein Teilchen mit der Geschwindigkeit w trifft und beide Teilchen somit gestreut werden. Durch Translation in ein Bezugssystem, in dem das zweite Teilchen ruht, erhält das erste Teilchen die Geschwindigkeit $v - w$ und es lassen sich die obigen Argumente wiederholen. Der *Stoßzylinder*

$$Z_{\Delta t} = \{x : \inf_{t \in [0,\Delta t]} |x - (x_0 + t * (v - w))| < 2R\} \quad (1.78)$$

hat das Volumen $Vol_{\Delta t} = 4\pi R^2 |v - w| \Delta t$.

Schwierigkeiten bereitet dagegen die Frage: Wie groß ist die Wahrscheinlichkeit, in einem kleinen Volumen ΔX im Ortsraum *gleichzeitig* ein Teilchen mit Geschwindigkeit v und eines mit w zu finden? Diese Frage läßt sich i.a. für Systeme mit endlich vielen Teilchen nur durch Untersuchung von Zwei-Teilchen–Verteilungen $f^{(2)}(v, w)$ beantworten. Fügte man diese in die Argumentation mit ein, so hätte dies unvermeidlich zur Folge, daß auch höhere gemeinsame Verteilungen mit einbezogen werden und die Teilchenevolution nur durch eine Hierarchie von Gleichungen beschrieben werden kann (Stichwort: *BBGKY–Hierarchie*[4]), welche für praktische Fragestellungen nicht sinnvoll ausgewertet werden kann. Ein Ausweg liegt erneut im Boltzmann-Grad-Limes, in dem die Teilchenzahl N in einem Volumenelement gegen ∞ strebt und gleichzeitig der Teilchenradius R so abnimmt, daß $N \cdot R^2$ einen positiven endlichen Wert annimmt. In diesem Fall sprechen zumindest Plausibilitätsbetrachtungen dafür, daß die Besetzungszahlen unabhängig sind (im Sinne von stochastischer Unabhängigkeit), d.h. die Zwei-Teilchen-Verteilungen faktorisieren:

$$f^{(2)}(v, w) = f(v)f(w). \tag{1.79}$$

Diese Annahme entspricht der *Hypothese des molekularen Chaos*. Daß sie gerechtfertigt ist, konnte durch die mathematisch rigorose Herleitung der Boltzmann–Gleichung durch O.E. Lanford III. [54] (zumindest für kurze Zeiten) gezeigt werden – unter der Voraussetzung, daß im Limes $N \to \infty$ die N-Teilchen-Anfangsverteilung faktorisiert. Auf diesen Beweis wollen wir hier nicht eingehen, sondern die Hypothese des molekularen Chaos als gerechtfertigt ansehen.

Unter dieser Voraussetzung ist die Wahrscheinlichkeit eines Teilchens mit der Geschwindigkeit v, innerhalb Δt auf ein solches mit Geschwindigkeit w zu treffen, gleich

$$4\sigma\pi R^2 \cdot N \cdot \Delta t \cdot |v - w| \cdot f(w). \tag{1.80}$$

---

[4]benannt nach Arbeiten von Bogoliubov (1962), Born/Green (1949), Kirkwood (1946/47) und Yvon (1935); die Herleitungen kinetischer Gleichungen aus großen N-Teilchen-Systemen in [54, 71] beruhen auf Untersuchungen dieser Hierarchie–Gleichungen

Das führt in die Liouville–Gleichung einen *Verlustterm* der Form

$$-\sigma_0 \cdot |v - w| \cdot f(t,x,v)f(t,x,w) \tag{1.81}$$

ein, mit $\sigma_0 = 4\pi N R^2$. Um den *Gewinnterm* zu ermitteln – also den Zuwachs von $f(v)$ durch Stöße aus anderen Geschwindigkeitsbereichen – untersuchen wir wieder für kleine Volumenelemente $\Delta V = dv$ um eine Geschwindigkeit v das Integral

$$P_{v'}(\Delta V) := \sigma_0 \int_{w'\in\mathrm{I\!R}^3} \int_{\eta\in S_+^2 : T_\eta^{(1)}(v',w')\in\Delta V} \rho_0(\theta)\frac{d\rho_0}{d\theta}d\theta d\phi |v' - w'| f(w')dw' \tag{1.82}$$

als den von v' nach ΔV gestreuten Teilchenanteil. Erneut gelten nach Satz 1.15 die Involutionseigenschaft von T_η und die Maßtreue der Abbildung $(v',w') \to (v,w)$. Damit ist

$$\int_{\mathrm{I\!R}^3} P_{v'}(\Delta V)f(v')dv' \approx \int_{\mathrm{I\!R}^3} \int_{S_+^2} k(|v - w|,\theta)f(v')f(w')d\omega(\eta)dwdv \tag{1.83}$$

und der Gewinnterm lautet

$$\int_{\mathrm{I\!R}^3} \int_{S_+^2} k(|v - w|,\theta)f(v')f(w')d\omega(\eta)dw. \tag{1.84}$$

Hieraus folgt die

1.21 Boltzmann–Gleichung:

$$(\partial_t \; + \; v \cdot \nabla_x)f(t,x,v) \tag{1.85}$$
$$= \int_{\mathrm{I\!R}^3} \int_{S_+^2} (f(t,x,v')f(t,x,w') - f(t,x,v)f(t,x,w))k(|v - w|,\theta)d\eta dw,$$

wobei θ der Winkel zwischen dem Einheitsvektor η und $v - w$ ist.

1.22 Beispiel: Für ein Hartkugelgas lautet die Boltzmann–Gleichung

$$(\partial_t \; + \; v \cdot \nabla_x)f(t,x,v) \tag{1.86}$$
$$= \int_{\mathrm{I\!R}^3} \int_{S_+^2} (f(t,x,v')f(t,x,w') - f(t,x,v)f(t,x,w)) \cdot |v - w| \cdot \cos\theta d\eta dw.$$

1.23 Aufgabe: Zeigen Sie – in Analogie zur Aufgabe 1.19 – , daß die Boltzmann-Gleichung für ein Hartkugelgas geschrieben werden kann in der Form

$$(\partial_t \;+\; v \cdot \nabla_x) f(t, x, v) \tag{1.87}$$

$$= \int_{\mathbb{R}^3} \int_{S^2} (f(t, x, v'')f(t, x, w'') - f(t, x, v)f(t, x, w)) \cdot |v - w| d\eta' dw,$$

mit

$$v'' = \frac{1}{2}(v + w) - \frac{1}{2}|v - w| \cdot \eta', \quad w'' = \frac{1}{2}(v + w) + \frac{1}{2}|v - w| \cdot \eta'. \tag{1.88}$$

1.5.4 Kinetische Modellgleichungen

Lineare Modellgleichungen

Das Lorentzgas ist ein Modell für die Ausbreitung eines Testteilchens in einem Streufeld, welches bei Stößen seine kinetische Energie behält; damit ist (für $F \equiv 0$) der Geschwindigkeitsbetrag eine Invariante der Bewegung. Dies ist sicher kein geeignetes Modell z.B. im Falle sich bewegender Streuteilchen oder zur Beschreibung inelastischer Stöße. Flexibler und damit für viele Modellierungsfragen geeigneter ist die Vorgabe einer meßbaren Funktion

$$k(.|.) : \mathbb{R}^3 \times \mathbb{R}^3 \longrightarrow \mathbb{R}_+ \tag{1.89}$$

mit der Eigenschaft, daß $k(.|v')$ für alle $v' \in \mathbb{R}^3$ eine Wahrscheinlichkeitsdichte ist, daß also insbesondere

$$\int_{\mathbb{R}^3} k(v|v') dv = 1. \tag{1.90}$$

Die Interpretation hierzu ist, daß ein Testteilchen, welches mit der Geschwindigkeit v' auf ein Streuteilchen trifft, eine zufällige neue, gemäß $k(v|v')dv$ verteilte Geschwindigkeit erhält. Fügen wir noch eine geschwindigkeitsabhängige Stoßrate $\sigma(|v|)$ hinzu, so folgt als

1.24 Lineare kinetische Gleichung:

$$(\partial_t + v \cdot \nabla_x) f(t, x, v) \;=\; \int_{\mathbb{R}^3} f(t, x, v') \sigma(|v'|) k(v|v') dv' - \sigma(|v|) f(t, x, v). \tag{1.91}$$

VHS–Modelle

Der Stoßkern $k(|v - w|, \eta)$ der Boltzmann–Gleichung hängt i.a. von dem Einheitsvektor η ab, welcher in der von $v' - w'$ und $v - w$ aufgespannten Ebene liegt und die Winkelhalbierende zwischen diesen Vektoren beschreibt. Zur Berechnung des Stoßintegrals muß zur Berechnung von η die orthogonale Transformation Q aus Formel 1.66 bestimmt werden, was bei der numerischen Auswertung sehr zeitaufwendig ist. Dagegen zeigt das Ergebnis von Aufgabe 1.23, daß sich die Boltzmann–Gleichung für Hartkugelgase auch mit η–unabhängigem Stoßkern formulieren läßt. Ein in der Praxis sehr bewährter Kompromiß ist die Kopplung des Hartkugel–Stoßkerns mit einem geschwindigkeitsabhängigen Term

$$k(v - w, \eta) = \sigma(|v - w|) \cdot |\cos \theta|. \tag{1.92}$$

Ein geeigneter Ansatz für σ ist

$$\sigma(|v - w|) = d \left(|v - w| + \frac{\alpha}{|v - w|} \right) \tag{1.93}$$

mit den frei wählbaren Parametern d und α. Gase, welche durch dieses Stoßmodell beschrieben werden, heißen *VHS–Modelle*[5]. Details des Stoßes werden hierbei durch die Hartkugel–Wechselwirkung beschrieben. Dagegen ist der Wechselwirkungsdurchmesser und damit die Stoßwahrscheinlichkeit abhängig von der Relativgeschwindigkeit $|v - w|$. Als Evolutionsgleichung erhalten wir die

1.25 Boltzmann–Gleichung für VHS–Modelle:

$$(\partial_t + v \cdot \nabla_x) f(t, x, v) \tag{1.94}$$
$$= \int_{\mathrm{IR}^3} \int_{S^2} (f(t, x, v') f(t, x, w') - f(t, x, v) f(t, x, w)) \sigma(|v - w|) |\cos \theta| d\eta dw$$

in der Gleichung 1.21 entsprechenden Variante, bzw. – in der Modifikation von Aufgabe 1.23

$$(\partial_t + v \cdot \nabla_x) f(t, x, v) \tag{1.95}$$
$$= \int_{\mathrm{IR}^3} \int_{S^2} (f(t, x, v'') f(t, x, w'') - f(t, x, v) f(t, x, w)) \sigma(|v - w|) d\eta' dw.$$

---

[5] VHS steht für 'variable diameter hard sphere'

BGK–Modelle

Eine – u. a. für Zwecke der numerischen Auswertung herangezogene – Variante der Boltzmann-Gleichung erhält man, wenn man den positiven Anteil des Stoßterms ersetzt durch eine Funktion $m[f]$, wobei $m[.] : D \subset L^1(\mathbb{R}^3) \to R \subset L^1(\mathbb{R}^3)$ eine Abbildung ist mit niedrigdimensionalem Wertebereich R. Aus physikalischen Gründen sollte $m[.]$ so gewählt werden, daß gewisse Momente von $m[f]$ übereinstimmen mit den entsprechenden Momenten von f. Ein solches Modell kann nicht aus zwei-Teilchen-Stößen hergeleitet werden, vermag aber unter Umständen gewisse Parameter von Gasflüssen gut zu approximieren. Das am häufigsten herangezogene BGK-Modell[6] wählt für $m[f]$ sogenannte *Gleichgewichtslösungen* $M[\rho, v_1, v_2, v_3, T]$; dies sind Funktionen, welche im Nullraum des Stoßoperators liegen und von fünf (mit $f = f(t, x, .)$ orts- und zeitabhängigen) Momenten ρ (Dichte), v_1, v_2, v_3 (Strömungsgeschwindigkeit) und T (Temperatur) von f abhängen. (Details werden in Abschnitt 2.2.2 erklärt.) Damit ändert sich die Boltzmann-Gleichung in eine Gleichung der Form

$$(\partial_t + v \cdot \nabla_x) f(t, x, v) \tag{1.96}$$
$$= M[\rho, v_1, v_2, v_3, T](v) - \int_{\mathbb{R}^3} \int_{S^2} f(t, x, v) f(t, x, w) \sigma(|v - w|) d\eta' dw.$$

Diskrete Geschwindigkeitsmodelle

Eine in vielen Anwendungen praktikable Variante der Boltzmann–Gleichung erhält man, wenn man als Menge der zulässigen Teilchengeschwindigkeiten nicht das Kontinuum $\mathbb{R}^3$ zuläßt, sondern nur eine endliche, durch eine endliche Indexmenge J indizierte Menge

$$V = \{v_i : i \in J\}. \tag{1.97}$$

Gibt man Stoßraten $A_{i,j}^{k,l}$ für den Übergang $(v_k, v_l) \to (v_i, v_j)$ vor und bezeichnet man mit f_i die Ortsverteilung der Teilchen mit der Geschwindigkeit v_i, so erhält man als System von Evolutionsgleichungen die

1.26 Boltzmann–Gleichung für diskrete Geschwindigkeitsmodelle: Für $i \in J$

---

[6]benannt nach P. L. Bhatnagar, E. P. Gross und M Krook [18]

ist

$$(\partial_t + v_i \cdot \nabla_x) f_i(t,x) = \sum_{j,k,l \in J} A_{i,j}^{k,l} (f_k(t,x) f_l(t,x) - f_i(t,x) f_j(t,x)).$$
(1.98)

Die Größen $A_{i,j}^{k,l}$ sind nichtnegativ und erfüllen aus physikalischen Gründen (Massenerhaltung; vgl. Aufgabe 2.22) die Symmetriebedingung

$$A_{k,l}^{i,j} = A_{i,j}^{k,l}.$$
(1.99)

Diskrete Modelle treten beispielsweise auf bei der Diskretisierung des Boltzmann-Stoßoperators zur numerischen Auswertung. Solche Modelle liegen auch sog. zellulären Automaten zur Simulation strömungsdynamischer Phänomene zugrunde (vgl. Abschnitt 4.4). Eine Übersicht über die Theorie diskreter Geschwindigkeitsmodelle ist in [50] zu finden.

1.27 Beispiele: Einfache Beispiele für diskrete Geschwindigkeitsmodelle sind

a) das eindimensionale *Carleman–Modell* mit der Geschwindigkeitsmenge $V = \{1, -1\}$ und den kinetischen Gleichungen

$$(\partial_t + \partial_x) f_1(t,x) = f_{-1}^2(t,x) - f_1^2(t,x),$$
(1.100)

$$(\partial_t - \partial_x) f_{-1}(t,x) = f_1^2(t,x) - f_{-1}^2(t,x)$$
(1.101)

sowie

b) das zweidimensionale *Broadwell–Modell* mit den vier Geschwindigkeiten $v_{\pm 1} = (\pm 1, 0)$, $v_{\pm 2} = (0, \pm 1)$ und den Gleichungen

$$(\partial_t \pm \partial_{x_1}) f_{\pm 1}(t,x) = f_2(t,x) f_{-2}(t,x) - f_1(t,x) f_{-1}(t,x),$$
(1.102)

$$(\partial_t \pm \partial_{x_2}) f_{\pm 2}(t,x) = f_1(t,x) f_{-1}(t,x) - f_2(t,x) f_{-2}(t,x).$$
(1.103)

1.28 Aufgabe: Welche Stoßmodelle liegen der Carlemann- und der Broadwell-Gleichung zugrunde? Mit anderen Worten: Welche Stöße $(v', w') \rightarrow (v, w)$ tauchen in diesen Modellen auf?

Kapitel 2

Lösungen kinetischer Gleichungen

2.1 Lineare kinetische Gleichungen

2.1.1 Lösungen des Anfangswertproblems

Wir betrachten im unbeschränkten Ortsraum $\mathbb{R}^3$ die Lorentzgas–Gleichung (vgl. Abschnitt 1.5.2) sowie die lineare kinetische Modellgleichung des Abschnitts 1.5.4.

Das Lorentzgasmodell stellt sich sehr schnell als das vom mathematischen Standpunkt angenehmere Modell heraus. Da unter der Lorentzgasdynamik der Geschwindigkeitsbetrag des Testteilchens invariant bleibt, kann für jeden Betrag $|v|$ die Gleichung isoliert betrachtet werden. Hierdurch reduziert sich der Geschwindigkeitsbereich auf die Oberfläche einer Kugel mit Radius $|v|$, insbesondere also auf eine kompakte Menge. Wir beschränken uns hier o. B. d. A. auf den Fall $|v| = 1$ sowie $\sigma_0 = 1$. Mit $\nu \in S^2$ und

$$\nu' = T_\eta \nu = \nu - 2\langle \nu, \eta \rangle \cdot \eta \quad \text{(vgl. (1.42))} \tag{2.1}$$

lautet die Lorentzgasgleichung

$$(\partial_t + \nu \cdot \nabla_x) f(t, x, \nu) = \int_{\eta \in S^2_+} f(t, x, \nu') k(\theta) d\omega(\eta) - f(t, x, \nu). \tag{2.2}$$

Die Stoßoperatoren

Die rechten Seiten der betrachteten Gleichungen werden beschrieben durch die Stoßoperatoren

$$J_L f(\nu) = \int_{\eta \in S_+^2} f(\nu') k(\theta) d\omega(\eta) - f(\nu) \tag{2.3}$$

auf dem Geschwindigkeitsbereich S^2 (im Falle des Lorentzgases) bzw.

$$J_M f(v) = \int_{\mathrm{I\!R}^3} f(v') \sigma(|v'|) k(v|v') dv' - \sigma(|v|) f(v) \tag{2.4}$$

auf dem Geschwindigkeitsbereich $\mathrm{I\!R}^3$ (im Fall der linearen Modellgleichung).

2.1 Bemerkungen: a) Der Kern $k(\theta) : S^2 \to \mathrm{I\!R}$ von J_L ist beschränkt, monoton wachsend und es gilt

$$\int_{S_+^2} k(\theta) d\omega(\eta) = 1. \tag{2.5}$$

(Dies folgt durch Integration der rechten Seite der Definitionsgleichung (1.68) für $k(.)$.)
b) Der Kern $k(v|v')$ von J_M ist meßbar und nichtnegativ, und für alle v' ist $k(.,v')$ eine Wahrscheinlichkeitsdichte auf $\mathrm{I\!R}^3$.

Im folgenden werden wir uns auf den Fall der kinetischen Modellgleichung konzentrieren. Aspekte des "harmloseren" Lorentzgas–Modells werden wir kommentieren.

Den ersten Summanden des Stoßoperators bezeichnen wir von nun an mit $J^{(+)}$:

$$J^{(+)} f(v) = \int_{\mathrm{I\!R}^3} \sigma(v') k(v|v') f(v') dv'. \tag{2.6}$$

Wir erinnern an Eigenschaften der Stoßkerne, wie sie in Kapitel 1 hergeleitet wurden.

2.1.2 Erhaltungsgrößen

Wir können an dieser Stelle nicht auf die Lösungstheorie für lineare kinetische Gleichungen eingehen. Ein angemessener Zugang zur Modellierung von Flüssen in geeigneten Banachräumen ist z.B. in der Halbgruppentheorie zu finden. (Ergebnisse der klassischen

Lösungstheorie sind u.a. in [45] sowie in der dort zitierten Literatur zu finden.) Auf Fragen der Existenz, Eindeutigkeit und Nichtnegativität werden wir hier nicht eingehen, werden diese Fragen aber im Rahmen eines erweiterten Lösungsbegriffs (Abschnitt 2.1.3) und bei der Konstruktion der physikalisch relevanten Lösungen durch Transportprozesse (Abschnitte 3.2.1, 3.3.1) erneut diskutieren. Stattdessen wollen wir hier sehen, unter welchen Regularitätsanforderungen an die Lösungen gewisse Größen $\phi(v)$ unter dem durch die kinetische Gleichung vorgegebenen Fluß invariant bleiben.

2.2 Definition: a) Eine Funktion $\phi(v)$ heißt *Erhaltungsgröße*, wenn für alle Funktionen $f(v)$, für die die Abbildungen $(v, v') \to \phi(v)k(v|v')\sigma(v')f(v')$ und $v \to \sigma(v)f(v)$ integrierbar sind, gilt

$$\int_{\mathrm{IR}^3} \phi(v)Jf(v)dv = 0. \tag{2.7}$$

b) Eine Erhaltungsgröße $\phi(v)$ heißt *invariant* bezüglich einer Klasse $\mathcal{K}$ von Funktionen, wenn für alle $f \in \mathcal{K}$ die Abbildungen in a) integrierbar sind, und wenn für alle Lösungen $f(t, x, v)$, welche ganz in $\mathcal{K}$ verlaufen, die Abbildung

$$t \longrightarrow \int_{\mathrm{IR}^3 \times \mathrm{IR}^3} \phi(v)f(t, x, v)dxdv \tag{2.8}$$

konstant ist.

2.3 Beispiele: *(Erhaltungsgrößen)* a) $\phi \equiv 1$ ist Erhaltungsgröße, denn wegen

$$\int_{\mathrm{IR}^3} 1 \cdot \int_{\mathrm{IR}^3} k(v|v')\sigma(v')f(v')dv'dv = \int_{\mathrm{IR}^3} \sigma(v')f(v')dv' \tag{2.9}$$

ist $\int_{\mathrm{IR}^3} 1 \cdot Jf(v)dv = 0$ immer dann, wenn $\sigma(v)f(v)$ integrierbar ist.

b) In unmittelbarer Verallgemeinerung von a) gilt: Ist ϕ eine Funktion auf IR^3 mit

$$\int_{\mathrm{IR}^3} \phi(v)k(v|v')dv = \phi(v') \quad \text{für fast alle } v', \tag{2.10}$$

so ist ϕ Erhaltungsgröße.

2.4 Bemerkung: Die Beziehung (2.10) ist hilfreich bei der Modellierung von Systemen, bei denen gewisse physikalische Größen wie z.B. Impuls oder kinetische Energie erhalten bleiben sollen.

Hinreichend für die Invarianz von Erhaltungsgrößen sind im wesentlichen die Regularität sowie genügend schnelles Abklingen der Lösung f für $|x| \to \infty$. Dies zeigt der folgende Satz.

2.5 Satz: $\phi(v)$ sei eine Erhaltungsgröße. $\mathcal{K}$ sei die Menge der Funktionen auf $[0,T] \times \mathbb{R}^3 \times \mathbb{R}^3$ mit den Eigenschaften

a) Für alle (t,x) gilt: Für alle $v \in \mathbb{R}^3$ – bis auf eine Lebesgue-Nullmenge – ist $f_t(t,x,v)$ definiert, und es ist

$$\sup_{t,x} \int_{\mathbb{R}^3} |\phi(v)f_t(t,x,v)|dv < \infty. \tag{2.11}$$

b) Für alle (t,x) gilt: Für Lebesgue-fast alle v ist $v \cdot \nabla_x f(t,x,v)$ definiert; die Funktion

$$x \longrightarrow \nabla_x \cdot \int_{\mathbb{R}^3} v\phi(v)f(t,x,v)dv \tag{2.12}$$

ist integrierbar; außerdem ist für $|x| \to \infty$

$$\int_{\mathbb{R}^3} |v\phi(v)f(t,x,v)|dv = \mathcal{O}(|x|^{-3}); \tag{2.13}$$

c) Für alle (t,x) ist $\phi(v)\sigma(v)f(t,x,v)$ bezüglich v integrierbar.

Dann ist ϕ invariant bezüglich $\mathcal{K}$.

Beweis: Wir multiplizieren die kinetische Gleichung mit ϕ und integrieren bezüglich v und x. Zudem setzen wir

$$\Phi(t,x) := \int_{\mathbb{R}^3} \phi(v)f(t,x,v)dv. \tag{2.14}$$

Da $\phi \cdot f_t$ integrierbar ist, gilt

$$\partial_t \Phi = \int_{\mathbb{R}^3} \phi\partial_t f\,dxdv. \tag{2.15}$$

Es sei $K_\rho \subset \mathbb{R}^3$ die Kugel um den Ursprung mit Radius ρ. Nach dem Satz von Gauß ist

$$\int_{\mathbb{R}^3} \int_{\mathbb{R}^3} \phi(v)v \cdot \nabla_x f(t,x,v)dvdx \quad =$$

$$\int_{\mathbb{R}^3} \nabla_x \cdot \int_{\mathbb{R}^3} v\phi(v) f(t,x,v)\,dv\,dx \;\; = \tag{2.16}$$

$$\int_{\partial K_\rho} \left\langle n(a), \int_{\mathbb{R}^3} v\phi(v) f(t,a,v)\,dv \right\rangle d\omega(a) \;\; + \;\; \int_{(K_\rho)^c} \nabla_x \cdot \left(\int_{\mathbb{R}^3} v\phi(v) f(t,x,v)\,dv \right) dx.$$

Der zweite Ausdruck auf der rechten Seite konvergiert für $\rho \to \infty$ gegen 0, da

$$\nabla_x \cdot \int_{\mathbb{R}^3} v\phi(v) f(t,x,v)\,dv \tag{2.17}$$

integrierbar ist; der erste Ausdruck konvergiert gegen 0 wegen des hinreichend schnellen Abklingens von $\int_{\mathbb{R}^3} v\phi(v) f(t,a,v)\,dv$. Schließlich erhalten wir mit $\int_{\mathbb{R}^3} \phi(v) Jf(t,x,v)\,dv = 0$ für alle (t,x), daß

$$\int_{\mathbb{R}^3} \Phi(t,x)\,dx \equiv \text{const}, \tag{2.18}$$

daß also ϕ invariant ist. $\quad\square$

Die Voraussetzungen des Satzes 2.5 stellen hohe Anforderungen an die Regularität von Lösungen. So ist z.B. i.a. nicht zu erwarten, daß bei unbeschränkter Stoßfrequenz $\sigma(v)$ die Funktion $\sigma(v) f(t,x,v)$ integrierbar bleibt, wie in Voraussetzung c) gefordert. Wir schwächen daher unseren Lösungsbegriff ab, um auch allgemeinere Fälle behandeln zu können. Hierbei orientieren wir uns – wie schon in Definition 1.6 – an Lösungen "entlang Trajektorien". Allerdings müssen wir dabei, wie im folgenden gezeigt wird, unter Umständen Abstriche bei Aussagen über Erhaltungsgrößen machen.

2.1.3 Milde Lösungen des Anfangswertproblems

Wir suchen Lösungen des Anfangswertproblems der linearen kinetischen Gleichung zum Anfangswert

$$f(t=0) = \phi_0, \tag{2.19}$$

wobei ϕ_0 eine nichtnegative integrierbare Funktion ist mit $\|\phi_0\|_1 = 1$. ($\|.\|_1$ beschreibt hier die L^1-Norm für Funktionen auf $\mathbb{R}^3 \times \mathbb{R}^3$.) Durch Verfolgung der Funktionen entlang Trajektorien des Differentialoperators $(\partial_t + v \cdot \nabla_x)$,

$$f^\#(t,x,v) := f(t, x+tv, v), \tag{2.20}$$

können kinetische Gleichungen formal in gewöhnliche Differentialgleichungen umgewandelt werden:

$$\partial_t f^\#(t,x,v) = J f^\#(t,x,v) = J^{(+)} f^\#(t,x,v) - \sigma(|v|) f^\#(t,x,v) \tag{2.21}$$

(mit $\sigma(|v|) \equiv 1$ im Fall des Lorentzgases). Dies ist für feste x und v eine lineare inhomogene Gleichung, welche für vorgegebene Anfangswerte $f^\#(0) = \phi_0$ auf die äquivalente Integralgleichung führt

$$f^\#(t) = \phi_0^\# \cdot \exp(-\sigma t) + \int_0^t J^{(+)} f^\#(s) \cdot \exp(-\sigma(t-s)) ds. \tag{2.22}$$

Funktionen, welche diese Gleichungen erfüllen, heißen *milde* Lösungen des Anfangswertproblems. Von großem Einfluß auf Eigenschaften milder Lösungen ist der *reskalierte Stoßkern*

$$\kappa(v|v') := \frac{\sigma(v')}{\sigma(v)} k(v|v'). \tag{2.23}$$

Für $\mathcal{J}_t$,

$$\mathcal{J}_t f := \int_0^t J^{(+)} f(s) \cdot \exp(-\sigma(t-s)) ds, \tag{2.24}$$

gilt z.B.

2.6 Lemma: Gibt es eine integrierbare Funktion k^∞ auf $\mathbb{R}^3$ mit

$$\kappa(v|v') \leq k^\infty(v) \quad \text{für alle } v', \tag{2.25}$$

so ist für festes aber beliebiges $T > 0$ $\mathcal{J}_t$ ein beschränkter, positiver[1] linearer Operator auf $\mathcal{L}^\infty := L^\infty([0,T], L^1(\mathbb{R}^3 \times \mathbb{R}^3))$; für T hinreichend klein ist $\mathcal{J}_t$ eine Kontraktion.

Beweis: Linearität und Positivität (d.h. nichtnegative Funktionen werden auf nichtnegative Funktionen abgebildet) sind offensichtlich. Zu zeigen ist die Beschränktheit

---

[1] mit *positiv* ist hier gemeint, daß nichtnegative Funktionen auf nichtnegative Funktionen abgebildet werden.

von $\mathcal{J}_t$. Nach Voraussetzung ist

$$\int_{\mathrm{IR}^3 \times \mathrm{IR}^3} |\mathcal{J}_t g(x,v)| dx dv \;\leq\; \int_{\mathrm{IR}^3 \times \mathrm{IR}^3} \int_0^t \exp(-\sigma(v)(t-s)) \cdot \sigma(v)$$

$$\cdot \int_{\mathrm{IR}^3} \kappa(v|v') |g^{\#}(s,x,v')| dv' ds dx dv$$

$$\leq \int_{\mathrm{IR}^3} \int_0^t \sigma(v) \exp\left(-\sigma(v)(t-s)\right) k^{\infty}(v) \cdot \|g(s)\|_1 ds dv$$

$$\leq \|g\|_{\infty} \cdot \|k^{\infty}\|. \tag{2.26}$$

Wegen

$$\lim_{T \searrow 0} \int_{\mathrm{IR}^3} \int_0^t \sigma(v) \exp\left(-\sigma(v)(t-s)\right) k^{\infty}(v) dt dv = 0 \tag{2.27}$$

folgt die Kontraktionseigenschaft für kleine T. $\square$

Die Kontraktionseigenschaft erlaubt zumindest für kurze Zeiten die Konstruktion und Eindeutigkeit von milden Lösungen. Für beliebige T ermöglicht dagegen die Positivität von $\mathcal{J}_t$ die Konstrukton milder Lösungen mit Hilfe eines monotonen Iterationsschemas – solange milde Lösungen existieren (insbesondere auch ohne die Voraussetzung von Lemma 2.6).

2.7 Konstruktion von Lösungen: f_0 sei eine nichtnegative integrierbare Funktion auf $\mathrm{IR}^3 \times \mathrm{IR}^3$. Das Iterationsschema

$$f_0^{\#}(t) = \phi_0 \cdot \exp(-\sigma t), \quad f_{n+1}^{\#}(t) = \phi_0^{\#} \cdot \exp(-\sigma t) + \mathcal{J}_t f_n^{\#} \tag{2.28}$$

liefert eine monoton wachsende Folge von Funktionen, welche Sublösungen jeder milden Lösung des Anfangswertproblems sind. Falls $\sup_{t \in [0,T]} \|f_n^{\#}(t)\|$ für $n \to \infty$ beschränkt ist, konvergiert f_n nach dem Satz über monotone Konvergenz gegen eine milde Lösung f des Anfangswertproblems.

2.8 Bemerkungen: a) Die Funktion $f_0^{\#}(t)$ des Iterationsschemas repräsentiert den Anteil der Teilchen, welche bis zum Zeitpunkt t noch auf kein Streuteilchen gestoßen sind. Entsprechend beschreibt $f_n^\#$ die Teilchen mit höchstens n Stößen mit Streuteilchen. Aus dieser Interpretation heraus erscheint es plausibel, daß die Funktion

$$t \longrightarrow m_n(t) := \int_{\mathrm{IR}^3 \times \mathrm{IR}^3} f_n^\#(t, x, v)dx dv \qquad (2.29)$$

eine monoton fallende Funktion ist. In diesem Fall wäre auch die Gesamtmasse $m(t)$ durch den Anfangswert $m(0)$ beschränkt und die globale Existenz, Eindeutigkeit und Konvergenz des iterativen Verfahrens wären gesichert. Dies ist in der Tat richtig. Allerdings werden wir auf einen Beweis an dieser Stelle verzichten, greifen diese Frage aber im Zusammenhang mit der stochastischen Modellierung in Abschnitt 3.3 wieder auf.

b) Im Fall beschränkter Stoßkerne folgt eine Abschätzung von $m_n(t)$ und damit globale Konvergenz durch ein einfaches Argument. Es ist nämlich

$$f_{n+1}(t) \leq \phi_0 \exp(-\sigma_{min}t) + \int_0^t \exp(-\sigma_{min}(t-s)) \cdot \int_{\mathrm{IR}^3} \sigma_{max} k(v|v')f_n(s)dv'ds, \ (2.30)$$

und wegen (1.90)

$$\begin{aligned}
\int_{\mathrm{IR}^3} f_{n+1}(t)dv \ \leq \ & \|\phi_0\|_1 \exp(-\sigma_{min}t) \\
& +\sigma_{max} \int_0^t \exp(-\sigma_{min}(t-s)) \cdot \int_{\mathrm{IR}^3} f_n(s)dv'ds.
\end{aligned} \qquad (2.31)$$

Durch vollständige Induktion folgt

$$\|f_n(t)\| \leq \frac{1}{\sigma_{max}} \|\phi_0\| \exp(-\sigma_{min}t) \cdot \sum_{k=0}^{n} \frac{(\sigma_{max}t)^k}{k!}, \qquad (2.32)$$

also

$$\lim_{n \to \infty} \|f_n(t)\| \leq \frac{1}{\sigma_{max}} \|\phi_0\| \cdot \exp((\sigma_{max} - \sigma_{min})t). \quad \Box \qquad (2.33)$$

Wir greifen einen Spezialfall heraus, der zumindest auf das Lorentzgas anwendbar ist.

2.9 Folgerung: Im Spezialfall $\sigma \equiv$ const konvergiert das Iterationsverfahren für beliebige T gegen eine milde Lösung mit $\lim_{n\to\infty} \|f_n(t)\| = \|\phi_0\|$.

Im folgenden wollen wir studieren, unter welchen Bedingungen sich die Gesamtmasse verringern kann. Ein Kriterium gibt der folgende Satz.

2.10 Satz: Erfüllt der reskalierte Stoßkern die Bedingung

$$\sup_{v' \in \mathrm{IR}^3} \int_{\mathrm{IR}^3} \kappa(v|v')dv = q < 1 \quad , \tag{2.34}$$

so gilt

$$m(t) := \lim_{n \to \infty} m^n(t) = \int_{\mathrm{IR}^3} f(t,v)dv \longrightarrow 0 \text{ für } t \to \infty. \tag{2.35}$$

Beweis: Für festes aber beliebiges $t \geq 0$ sei

$$r_0 := \int_0^t \phi_0(v) \exp(-\sigma(v)s)dvds. \tag{2.36}$$

Aus dem Iterationsschema folgt für $n \geq 1$

$$\begin{aligned}
\int_0^t m^{n+1}(s)ds &= r_0 + \int_0^t \int_{\mathrm{IR}^3} \int_0^\tau \int_{\mathrm{IR}^3} \sigma(v')k(v|v')f^n(v',s)dv' \exp(-\sigma(v)(\tau - s))dsdvd\tau \\
&= r_0 + \int_{s=0}^t \int_{\mathrm{IR}^3} \int_{\mathrm{IR}^3} \kappa(v|v')f^n(v',s)dv'[1 - \exp(-\sigma(v)(t - s))]dvds \\
&< r_0 + q \cdot \int_0^t f^n(s,v')dv'ds = r_0 + q \cdot \int_0^t m^n(s)ds.
\end{aligned} \tag{2.37}$$

Durch Induktion folgt

$$\int_0^t m^n(s)ds \leq r_0 \cdot \sum_{k=0}^n q^k < \frac{r_0}{1-q}. \tag{2.38}$$

Damit ist $\int_0^t m(s)ds \leq r_0/(1-q)$ und $m(t)$ konvergiert – da monoton fallend – für $t \to \infty$ gegen Null. $\Box$

2.11 Aufgabe: Übertragen Sie die Überlegungen des vorangegangenen Beispiels auf folgendes diskrete Modell für eine Folge von Funktionen $\mathbf{f} := \{f^n : n \in \mathrm{IN}\}$.

$$\begin{aligned}
\partial_t f^0 &= -\sigma_0 f^0, \quad f^0(0) = 1, \\
\partial_t f^n &= \sigma_{n-1} f^{n-1} - \sigma_n f^n, \quad f^n(0) = 0 \text{ für } n = 1, 2, \dots.
\end{aligned} \tag{2.39}$$

Hierbei seien σ_n nichtnegative Zahlen. Zeigen Sie:

a) Das Anfangswertproblem ist für $t \geq 0$ eindeutig lösbar und führt auf nichtnegative

Lösungen.

b) Für beliebige n ist $m^n(t) := \sum_{k=0}^{n} f^k(t)$ monoton fallend.

c) Ist

$$\bar{\sigma} := \sum_{k=0}^{\infty} \frac{\sigma_0}{\sigma_k} < \infty, \tag{2.40}$$

so ist

$$\int_0^t m^n(s)\,ds \leq \bar{\sigma} \cdot \int_0^t f^0(s)\,ds. \tag{2.41}$$

Für $m(t) := \lim_{n\to\infty} m^n(t)$ folgt hieraus

$$m(t) \longrightarrow 0 \text{ für } t \to \infty. \tag{2.42}$$

2.1.4 Gleichgewichtslösungen

2.12 Definition *(Gleichgewichtslösungen)*: Eine nichtnegative Funktion $f \in L^1(\mathbb{R}^3)$ heißt Gleichgewichtslösung der linearen kinetischen Gleichung, wenn $Jf \equiv 0$.

Gleichgewichtslösungen spielen eine wichtige Rolle bei einer Reihe von Fragestellungen wie zum Beispiel zur Untersuchung des asymptotischen Verhaltens von (räumlich homogenen) Lösungen für $t \to \infty$ und zur Modellierung des Diffusionslimes (vgl. Kapitel 5). Zu untersuchen ist die Frage nach der Existenz und Eindeutigkeit von Gleichgewichtslösungen.

2.13 Satz *(Eindeutigkeit)*: Sind f und g Gleichgewichtslösungen, und gilt

$$\int_M k(v|v')\,dv > 0 \tag{2.43}$$

für alle $v' \in \mathbb{R}^3$ und alle meßbaren Mengen M mit strikt positivem Lebesgue-Maß $\lambda(M)$, so gibt es ein $c \in \mathbb{R}_+$ mit $f = cg$.

Beweis: f und g sind nach Voraussetzung nichtnegativ. Wir nehmen an, daß $f \neq cg$ für alle $c \in \mathbb{R}_+$. Dann gibt es ein $c \in \mathbb{R}_+$ und Mengen M_+ und M_- mit Lebesgue-Maß

> 0, für die gilt $(f - cg)(v) > 0$ für $v \in M_+$ und $(f - cg)(v) < 0$ für $v \in M_-$. O.B.d.A. können wir $c = 1$ wählen. (Denn mit g ist auch cg eine Gleichgewichtslösung.) Es folgt

$$\int_{\mathbb{R}^3} |f - g|(v)dv = \int_{\mathbb{R}^3} \left| \int_{\mathbb{R}^3} k(v|v')(f(v') - g(v')dv' \right| dv \qquad (2.44)$$
$$< \int_{\mathbb{R}^3} \int_{\mathbb{R}^3} k(v|v')|f(v') - g(v')|dv'dv = \int_{\mathbb{R}^3} |f - g|(v')dv'$$

– ein Widerspruch. $\quad\square$

2.14 Bemerkung: Die Bedingung (2.43) kann abgeschwächt werden. Eindeutigkeit ist z.B. auch gewährleistet, wenn eine der Iterierten

$$k^{(n)}(v|v') := \qquad\qquad\qquad\qquad\qquad\qquad\qquad\qquad\qquad (2.45)$$
$$\int_{v^{(n-1)}} \int_{v^{(n-2)}} \cdots \int_{v^{(1)}} k(v|v^{(n-1)})k(v^{(n-1)}|v^{(n-2)})\cdots k(v^{(1)}|v')dv^{(1)}\cdots dv^{(n-2)}dv^{(n-1)}$$

die Voraussetzung (2.43) erfüllt. (Vgl. Hierzu auch das diskrete Analogon, die Voraussetzung des Satzes von Perron-Frobenius, Anhang B.)

Einen Kandidaten für die eindeutige Lösung liefert der Satz von Krein-Rutman (vgl. Anhang B).

2.15 Satz *(Existenz):* $\kappa(.|.)$ sei der reskalierte Stoßkern (vgl. (2.23)). Ist der *reskalierte Gewinnterm* $\sigma^{-1}J^{(+)}$,

$$\sigma^{-1}J^{(+)} : f(v) \longrightarrow \int_{\mathbb{R}^3} \kappa(v|v')f(v')dv' \qquad (2.46)$$

kompakt in einem Raum $L^p(\mathbb{R}^3)$, $p > 1$, so existiert genau eine nichtnegative normierte Eigenfunktion $f_p \in L^p(\mathbb{R}^3)$ von $\sigma^{-1}J^{(+)}$ zum maximalen Eigenwert $r(\sigma^{-1}J^{(+)})$. (r ist der Spektralradius.) Gilt außerdem $f_p \in L^1(\mathbb{R}^3)$, so ist f_p die eindeutige Gleichgewichtslösung.

Beweis: $Jf \equiv 0$ ist äquivalent zu

$$f(v) = \int_{\mathbb{R}^3} \kappa(v|v')f(v')dv'. \qquad (2.47)$$

Unter dem Operator $\sigma^{-1}J^{(+)}$ ist der Kegel der nichtnegativen Funktionen aus $L^p(\mathbb{R}^3)$ invariant. Nach dem Satz von Krein-Rutman ist $r(\sigma^{-1}J^{(+)})$ der maximale Eigenwert von $\sigma^{-1}J^{(+)}$; der zugehörige Eigenraum ist eindimensional und wird durch eine nichtnegative Funktion aufgespannt. $\square$

2.16 Beispiel: a) *(Beschränkte Menge zulässiger Geschwindigkeiten)* Es sei $\Omega \subset \mathbb{R}^3$ eine kompakte meßbare Menge mit

$$\mathrm{supp}\ k(.,v') \subset \Omega \quad \text{für alle } v' \in \Omega. \tag{2.48}$$

Unter dieser Voraussetzung ist $J^{(+)}$ ein Operator auf $L^1(\Omega)$. Ist zusätzlich $k(.,.)$ L^∞-beschränkt so ist $J^{(+)}$ für beliebiges $p \in (1,\infty)$ ein Hilbert-Schmidt-Operator im Sinne des Beispiels A.41 a). Ist $f_0 \in L^p(\Omega) \subset L^1(\Omega)$ eine nichtnegative Eigenfunktion von $J^{(+)}$ zum Eigenwert $r(J^{(+)})$, so gilt

$$r(J^{(+)}) \cdot \int_G f_0(v)dv = \int_G f_0(v') \left(\int_G k(v',v)dv \right) dv' = \int_G f_0(v)dv. \tag{2.49}$$

Damit ist $r(J^{(+)}) = 1$, und die Existenz und Eindeutigkeit einer zu $J^{(+)}$ gehörigen W-Dichte ist gesichert.

b) *(Lorentzgas)* Auf den Fall des Lorentzgases läßt sich die oben angedeutete Theorie unmittelbar übertragen: die – nach Satz 2.13 bis auf einen Faktor eindeutige – Gleichgewichtslösung ist $f \equiv 1$, wie man leicht nachrechnet.

2.2 Die Boltzmann–Gleichung

2.2.1 Kollisionsinvarianten

Dieser Abschnitt befaßt sich mit Erhaltungsgrößen für den Boltzmann-Kollisionsterm – beschrieben durch sogenannte Kollisionsinvarianten.

2.17 Definition *(Kollisionsinvariante)*: Eine lokal-integrierbare Funktion $\phi : \mathbb{R}^3 \to \mathbb{R}$ heißt *Kollisionsinvariante* der Boltzmann-Gleichung mit Kollisionsoperator $J(.,.)$, falls für jede Funktion $f \in L^1(\mathbb{R}^3)$, für die $\phi \cdot f$ integrierbar ist, gilt:

$$\int_{\mathbb{R}^3} \phi(v) J(f,f)(v) d^3v = 0. \tag{2.50}$$

Ist $\phi(.)$ Kollisionsinvariante und $f(.,.,.)$ Lösung der Boltzmann-Gleichung mit hinreichender Regularität, so gilt zwischen den Funktionen $g(t,x) := \int_{\mathbb{R}^3} \phi(v) f(t,x,v) d^3v$ und $h(t,x) := \int_{\mathbb{R}^3} v \cdot \phi(v) f(t,x,v) d^3v$ offenbar die Beziehung

$$\partial_t g + \nabla_x \cdot h = 0. \tag{2.51}$$

Dies folgt durch Multiplikation der Boltzmann-Gleichung mit ϕ und anschließender Integration über v. Insbesondere gilt für den homogenen – also x–unabhängigen – Fall, daß $g(t)$ konstant, also Erhaltungsgröße ist. Ein hinreichendes Kriterium für Kollisionsinvarianten ist das folgende

2.18 Lemma: Eine lokal integrierbare Funktion ϕ ist Kollisionsinvariante, falls für beliebige $v, w \in \mathbb{R}^3$ und beliebige Einheitsvektoren $\eta \in \mathbb{R}^3$ gilt

$$\phi(v) + \phi(w) = \phi(v') + \phi(w'). \tag{2.52}$$

Beweis: Durch Vertauschen von v und w erhalten wir

$$\int_{\mathbb{R}^3} J(f,f)(v)\phi(v)d^3v$$
$$= \int_{\mathbb{R}^3} \int_{\mathbb{R}^3} \int_{S^2} k(v-w,\eta)\{f(v')f(w') - f(v)f(w)\}\phi(v)d\eta d^3w d^3v \tag{2.53}$$
$$= \int_{\mathbb{R}^3} \int_{\mathbb{R}^3} \int_{S^2} k(v-w,\eta)\{f(v')f(w') - f(v)f(w)\}\phi(w)d\eta d^3w d^3v. \tag{2.54}$$

Außerdem folgt aus der Involutionseigenschaft $T_\eta^2 = \text{id}$ die Beziehung $d^3v d^3w = d^3v' d^3w'$ und daraus

$$\int_{\mathbb{R}^3} J(f,f)(v)\phi(v)d^3v$$
$$= -\int_{\mathbb{R}^3} \int_{\mathbb{R}^3} \int_{S^2} k(v-w,\eta)\{f(v')f(w') - f(v)f(w)\}\phi(v')d\eta d^3w d^3v \tag{2.55}$$
$$= -\int_{\mathbb{R}^3} \int_{\mathbb{R}^3} \int_{S^2} k(v-w,\eta)\{f(v')f(w') - f(v)f(w)\}\phi(w')d\eta d^3w d^3v. \tag{2.56}$$

Durch Aufsummieren von (2.53) bis (2.56) folgt

$$4 \cdot \int_{\mathrm{IR}^3} J(f,f)(v)\phi(v)d^3v = \int_{\mathrm{IR}^3} \int_{\mathrm{IR}^3} \int_{S^2} k(v-w,\eta) \cdot$$
$$\{f(v')f(w') - f(v)f(w)\}\{\phi(v) + \phi(w) - \phi(v') - \phi(w')\}d\eta d^3w d^3v. \quad \Box \tag{2.57}$$

2.19 Definition *(Basis-Kollisionsinvariante)*: Wir nennen eine Kollisionsinvariante ϕ eine *Basis-Kollisionsinvariante*, falls für beliebige $v, w \in \mathrm{IR}^3$ und beliebige Einheitsvektoren $\eta \in S^2$ gilt

$$\phi(v) + \phi(w) = \phi(v') + \phi(w'). \tag{2.58}$$

Aus der Massenerhaltung und der Erhaltung von Impuls und Energie bei Stößen folgt, daß die Funktionen $\phi_0(v) \equiv 1$ (Masse), $\phi_i(v) := v_i$, $i = 1,2,3$, (Impuls) und $\phi_4(v) := \frac{1}{2}\|v\|^2$ (kinetische Energie) Erhaltungsgrößen sind. Der folgende Satz zeigt außerdem, daß diese die einzigen Kollisionsinvarianten mit gewissen Regularitätseigenschaften sind. Die Kollisionsinvarianten bilden demnach einen Vektorraum, der aufgespannt wird von den Funktionen ϕ_i, $i = 0, \dots, 4$.

2.20 Satz *(Basis-Kollisionsinvarianten)*: Eine stetige Funktion $\phi : \mathrm{IR}^3 \to \mathrm{IR}$ ist Basis-Kollisionsinvariante genau dann, wenn

$$\phi(v) = a + \langle b, v \rangle + c\|v\|^2 \tag{2.59}$$

mit $a, c \in \mathrm{IR}$ und $b \in \mathrm{IR}^3$.[2]

Beweis: Für Funktionen der oben angegebenen Form folgt die Kollisionsinvarianz aus der Masse-, Impuls- und Energieinvarianz der Stoßrelationen. Gezeigt werden muß die Umkehrung. Hierzu dienen die folgenden Hilfsergebnisse.

2.21 Lemma: Erfüllt $\psi : \mathrm{IR}^k \to \mathrm{IR}$ die Funktionalgleichung

$$\psi(x + y) = \psi(x) + \psi(y) \tag{2.60}$$

---

[2]In [30] wurde die Aussage auf allgemeinere Funktionenklassen ausgedehnt.

für alle $x, y \in \mathbb{R}^k$, und ist ψ stetig in mindestens einem Punkt, so ist ψ eine Linearform, d.h. es gibt ein $a \in \mathbb{R}^k$ mit

$$\psi(x) = \langle a, x \rangle. \tag{2.61}$$

Beweis des Lemmas: Aus der Funktionalgleichung und der Stetigkeit von ψ folgt die Stetigkeit von ψ im Nullpunkt und damit die globale Stetigkeit. Ferner folgt aus der Funktionalgleichung durch vollständige Induktion $\psi(\alpha x) = \alpha \psi(x)$ zunächst für beliebige $\alpha \in \mathbb{N}$, $x \in \mathbb{R}^3$ und entsprechend für rationale Zahlen $\alpha = n/m$, $n, m \in \mathbb{N}$. Aus der Stetigkeit von ψ folgt

$$\psi(\alpha x) = \alpha \psi(x) \tag{2.62}$$

für beliebige $\alpha \in \mathbb{R}$. Ist nun $\{e_1, \ldots, e_k\}$ eine Orthonormalbasis von $\mathbb{R}^k$, so folgt mit $x = \sum_{i=1}^k \langle x, e_i \rangle \cdot e_i$, daß

$$\psi(x) = \sum_{i=1}^k \langle x, e_i \rangle f(e_i) =: \langle x, a \rangle. \quad \square \tag{2.63}$$

Beweis des Satzes 2.20: Wir ersetzen $\psi(v)$ durch $\psi(v) - \psi(0)$ und nehmen daher o.B.d.A. $\psi(0) = 0$ an. Der Beweis erfolgt nun in mehreren Schritten.

Schritt 1, $\phi(v) + \phi(w) = \phi(v + w)$, falls $\langle v, w \rangle = 0$:

Zum Geschwindigkeitspaar (v, w) und dem Einheitsvektor $\eta := v/\|v\|$ erhalten wir das Stoßpaar (v', w') mit $v' = v - (v/\|v\|) \cdot \langle v - w, v \rangle = v - v = 0$ sowie $w' = v + w - v' = v + w$ und daher

$$0 = \phi(v) + \phi(w) - \phi(v') - \phi(w') = \phi(v) + \phi(w) - \phi(v + w). \tag{2.64}$$

Im folgenden definieren wir $\phi_\pm(v) := \phi(v) \pm \phi(-v)$ und zeigen, daß $\phi_+(v) = 2c\|v\|^2$ und $\phi_-(v) = 2\langle b, v \rangle$.

Schritt 2, Berechnung von ϕ_+: Für orthogonale Vektoren $v, w \in \mathbb{R}^3$ folgt aus Schritt 1

$$\begin{aligned}
\phi_+(v) + \phi_+(w) &= \phi(v) + \phi(-v) + \phi(w) + \phi(-w) \\
&= \begin{cases} \phi(v + w) + \phi(-(v + w)) &= \phi_+(v + w) \\ \phi(v - w) + \phi(-(v - w)) &= \phi_+(v - w) \end{cases}
\end{aligned} \tag{2.65}$$

Seien $v, w \in \mathbb{R}^3$ beliebig mit $\|v\| = \|w\|$. Dann ist $\phi_+(v) = \phi_+(w)$, denn mit $\tilde{v} :=$ $(v + w)/2$ und $\tilde{w} := (v - w)/2$ ist $\langle \tilde{v}, \tilde{w} \rangle = 0$ und daher

$$\phi_+(v) = \phi_+(\tilde{v} + \tilde{w}) = \phi_+(\tilde{v} - \tilde{w}) = \phi_+(w). \tag{2.66}$$

Damit ist $\phi(v) = \psi(\|v\|^2)$ mit einer geeigneten Funktion $\psi : \mathbb{R}_+ \to \mathbb{R}$.

ψ erfüllt die Funktionalgleichung $\psi(\alpha + \beta) = \psi(\alpha) + \psi(\beta)$:

Zu $r, s \geq 0$ wähle orthogonale Vektoren $v, w \in \mathbb{R}^3$ mit $\|v\| = r$ und $\|w\| = s$. Wegen $\|v + w\|^2 = r^2 + s^2$ ist $\psi(r^2 + s^2) = \phi(v + w) = \phi(v) + \phi(w) = \psi(r^2) + \psi(s^2)$, also

$$\psi(\alpha + \beta) = \psi(\alpha) + \psi(\beta) \text{ für } \alpha, \beta \geq 0. \tag{2.67}$$

Setzen wir ψ durch $\psi(-\alpha) := -\psi(\alpha)$ auf ganz $\mathbb{R}$ fort, so gilt die Funktionalgleichung für alle $\alpha, \beta \in \mathbb{R}$. Nach Voraussetzung ist ψ stetig und damit nach Lemma 2.21 $\psi(\|v\|^2) = 2c\|v\|^2$.

Schritt 3, Berechnung von ϕ_-: Die gewünschte Darstellung für ϕ_- folgt aus Lemma 2.21, falls für ϕ_- die Funktionalgleichung

$$\phi_-(v + w) = \phi_-(v) + \phi_-(w) \tag{2.68}$$

gezeigt werden kann. Für orthogonale $v, w \in \mathbb{R}^3$ folgt diese Beziehung aus Schritt 1. Für $v, w \in \mathbb{R}^3 \setminus \{0\}$ definiere u und $\tilde{u}$ orthogonal zu v und w derart, daß $\|u\|^2 = \|\tilde{u}\|^2 = |\langle v, w \rangle|$ und $\langle u, \tilde{u} \rangle = -\langle v, w \rangle$. Dann ist

$$\langle v + u, w + \tilde{u} \rangle = \langle -v + u, -w + \tilde{u} \rangle = \langle v + w, u + \tilde{u} \rangle = 0 \tag{2.69}$$

und daher nach Schritt 1

$$
\begin{aligned}
\phi_-(v) + \phi_-(w) &= \phi(v + u) + \phi(w + \tilde{u}) - [\phi(-v + u) + \phi(-w + \tilde{u})] \\
&= \phi(v + w + u + \tilde{u}) - \phi(-v - w + u + \tilde{u}) \\
&= \phi(v + w) + \phi(u + \tilde{u}) - \phi(-v - w) - \phi(u + \tilde{u}) = \phi_-(v + w). \quad \square
\end{aligned}
\tag{2.70}
$$

2.22 Aufgabe: a) Zeigen Sie, daß für diskrete Geschwindigkeitsmodelle aus der Bedingung (1.99) die Massenerhaltung folgt:

$$t \longrightarrow \int_{\mathbb{R}^3} \sum_{i \in J} f_i(t, x)\,dx \equiv \text{const.} \tag{2.71}$$

b) Zeigen Sie, daß Massenerhaltung auch aus der schwächeren Bedingung

$$\sum_{i,j \in J} (A_{ij}^{kl} - A_{kl}^{ij}) = 0 \tag{2.72}$$

folgt.

2.2.2 Gleichgewichtslösungen

Ziel dieses Abschnitts ist die Herleitung von Funktionen $f : \mathbb{R}^3 \to \mathbb{R}$, für die gilt $J(f,f) \equiv 0$. Es wird sich herausstellen, daß Lösungen der homogenen Boltzmann-Gleichung gegen solche Gleichgewichtslösungen konvergieren. Hilfsmittel hierfür ist das H-Theorem, welches die Zeitirreversibilität von Lösungen der Boltzmann-Gleichung zur Folge hat und damit einen fundamentalen Unterschied zu mechanischen zeitreversiblen Vielkörpersystemen aufdeckt, aus denen die Boltzmann-Gleichung abgeleitet ist.

2.23 Definition *(Gleichgewichtslösung)*: Eine Funktion $f \in L^1(\mathbb{R}^3) \cap C(\mathbb{R}^3)$ mit den Eigenschaften
(a) $f(v) > 0$ für alle $v \in \mathbb{R}^3$,
(b) $\ln(f) \cdot J(f,f) \in L^1(\mathbb{R}^3)$
heißt *Gleichgewichtslösung* der Boltzmann-Gleichung, falls $J(f,f) \equiv 0$.

2.24 Satz *(Gleichgewichtslösungen)*: Ist der Stoßkern $k(|v - w|, \eta) > 0$ fast überall, so gilt
(a) Für Lösungen $f(t,v)$ der homogenen Boltzmann-Gleichung ist $t \to \int_{\mathbb{R}^3} f(v)J(f,f)(v)dv$ eine monoton fallende Funktion.
(b) $f(.)$ ist genau dann Gleichgewichtslösung, wenn

$$f(v) = \exp(a + \langle b, v \rangle + c\|v\|^2). \tag{2.73}$$

Beweis: Wie im Beweis von Lemma 2.19 folgt

$$4 \cdot \int_{\mathbb{R}^3} J(f,f)(v) \ln(f(v)) d^3v \tag{2.74}$$

$$= \int_{\mathbb{R}^3} \int_{\mathbb{R}^3} \int_{S^2} k(|v-w|,\eta)\{f(v')f(w') - f(v)f(w)\}\{\ln(f(v)) + \ln(f(w)) -$$
$$\ln(f(v')) - \ln(f(w'))\}d\omega(\eta)d^3vd^3w$$
$$= \int_{\mathbb{R}^3} \int_{\mathbb{R}^3} \int_{S^2} k(|v-w|,\eta)f(v')f(w')\left\{1 - \frac{f(v)f(w)}{f(v')f(w')}\right\}\ln\left(\frac{f(v)f(w)}{f(v')f(w')}\right)d\omega(\eta)d^3vd^3w.$$

Die Funktion $\lambda \to (1-\lambda)\cdot\ln(\lambda)$ ist für $\lambda \in \mathbb{R}_+$ nichtpositiv und hat als einzige Nullstelle den Wert $\lambda = 1$. Damit ist

$$\int_{\mathbb{R}^3} J(f,f)\ln(f)d^3v \leq 0, \qquad\qquad (2.75)$$

und das Gleichheitszeichen gilt genau dann, wenn $f(v)f(w) = f(v')f(w')$ für beliebige $v,w \in \mathbb{R}^3$, $\eta \in S^2$, also wenn $\ln(f)$ Basis-Kollisionsinvariante ist. Aus Satz 2.24 folgt

$$\ln(f(v)) = a + \langle b,v \rangle + c\|v\|^2. \quad \square \qquad\qquad (2.76)$$

2.25 Bemerkungen: a) Nach dem Satz lassen sich alle Gleichgewichtsfunktionen darstellen in der Form

$$f(v) = M[\rho,\bar{v},T](v) := \frac{\rho}{(2\pi T)^{3/2}}\exp\left(\frac{(v-\bar{v})^2}{2T}\right). \qquad\qquad (2.77)$$

Diese Funktionen heißen auch *Maxwell-Funktionen*. Die Größen ρ, $\bar{v}$ und T stehen in folgendem Zusammenhang mit Momenten von $M[\rho,\bar{v},T]$:

$$\rho = \int_{\mathbb{R}^3} M[\rho,\bar{v},T](v)d^3v, \qquad\qquad (2.78)$$

$$\rho \cdot \bar{v} = \int_{\mathbb{R}^3} v \cdot M[\rho,\bar{v},T](v)d^3v, \qquad\qquad (2.79)$$

$$\rho \cdot T = \frac{1}{3}\int_{\mathbb{R}^3} \|v-\bar{v}\|^2 \cdot M[\rho,\bar{v},T](v)d^3v, \qquad\qquad (2.80)$$

und heißen *Dichte*, *Strömungsgeschwindigkeit* und *Temperatur* der Maxwell-Verteilung. (Vgl. Abschnitt 2.2.3)

b) Das Funktional $H[f] := \int_{\mathbb{R}^3} \ln(f(v)) \cdot f(v)d^3v$ heißt *H-Funktional*. Ist $f(t,v)$ Lösung der homogenen Boltzmann-Gleichung, so folgt aus dem Beweis von Satz 2.24, daß $t \to H[f(t)]$ eine monoton fallende Funktion ist – streng monoton fallend, solange f

keine Maxwell-Funktion ist. Dies lädt ein zu dem Schluß, daß für große t f gegen eine Maxwell-Funktion konvergiert, ein Schluß, der auch von L. Boltzmann nahegelegt wurde [24], der allerdings einer näheren mathematischen Rechtfertigung bedarf. In der Tat konnte in [3] die Konvergenz von Lösungen der homogenen Boltzmann-Gleichung gegen die durch die Momente der Anfangsbedingungen gegebene Maxwell-Verteilung unter sehr allgemeinen Bedingungen gezeigt werden.

c) Mechanische Vielteilchensysteme unterliegen einem Reversibilitätsprinzip ("S-Reversibilität" in der Terminologie von [49]), welches besagt, daß ein System, welches zu einer Zeit t_0 aus einer Anfangskonfiguration gestartet ist, bei Umkehr der Geschwindigkeiten der Teilchen, Durchlaufen der Newtonschen Dynamik und erneuter Geschwindigkeitsumkehr wieder in den Ausgangszustand zurückkehrt. Ein solches Verhalten steht im Widerspruch zum Verhalten von Lösungen der Boltzmann-Gleichung, bei denen mit Hilfe des H-Funktionals eine Zeitrichtung ausgezeichnet und Reversibilität im oben beschriebenen Sinn nicht möglich ist. Dieses angebliche Paradoxon stand mit im Mittelpunkt der Kritik der Boltzmann-Gleichung in den Anfangszeiten, läßt sich heute aber erklären durch den Grenzübergang im Boltzmann-Grad-Limes. (Das H-Funktional ist ein konvexes Funktional, welches in der schwachen Topologie nicht stetig ist; vgl. hierzu z. B. die Untersuchungen in [6] zur Reflexion von Teilchensystemen an periodisch strukturierten Wänden.)

2.2.3 Momentengleichungen und Abschlußrelationen

Bei der makroskopischen Beschreibung von Gasflüssen ist die Dichtefunktion $f(.,.,.)$ in der Regel uninteressant. Dagegen interessieren gewisse Momente von f. In diesem Abschnitt wollen wir Beziehungen zwischen den Momenten untersuchen.

2.26 Definition (*Momente*): Zu einer gegebenen nichtnegativen integrierbaren Funktion $f \neq 0$ auf $\mathbb{R}^3$ definieren wir – falls die folgenden Integrale existieren – die (*Massen-*) *Dichte* $\rho := \int_{\mathbb{R}^3} f(v) d^3 v$, die *Strömungsgeschwindigkeit* $\bar{\mathbf{v}} = (\bar{v}_i)_{i=1}^3$ mit

$$\bar{v}_i := \frac{1}{\rho} \int_{\mathrm{IR}^3} v_i f(v) d^3 v, \tag{2.81}$$

den *Spannungstensor* $\mathbf{P} = (p_{ij})_{i,j=1}^3$ mit

$$p_{ij} := \int_{\mathrm{IR}^3} v_i v_j f(v) d^3 v - \rho \bar{v}_i \bar{v}_j, \tag{2.82}$$

den *Druck* $\mathbf{p} := \frac{1}{3}\mathrm{Spur}\mathbf{P} = \frac{1}{3}\sum_{i=1}^3 p_{ii}$, die *Energiedichte* $\mathbf{E} := \frac{1}{2}\int_{\mathrm{IR}^3} \|v\|^2 f d^3 v$, die *Dichte der inneren Energie* $\mathbf{e} := 1/(2\rho)\int_{\mathrm{IR}^3} \|v - \bar{\mathbf{v}}\|^2 f d^3 v = 3 \cdot \mathbf{p}/(2\rho)$, und die *Temperatur* $\mathbf{T} := \mathbf{p}/\rho = 2\mathbf{e}/3$.

Diese Größen sind definiert, falls die Integrierbarkeitsbedingung

$$0 < \int_{\mathrm{IR}^3} (1 + \|v\|^2) f(v) d^3 v < \infty \tag{2.83}$$

erfüllt ist (vgl. Aufgabe 2.27).

2.27 Aufgabe: Zeigen Sie: Ist (2.80) erfüllt, so sind alle in Definition 2.26 definierten Größen endlich.

2.28 Definition *(Momentenflüsse)*: Der *Fluß* $\mathcal{F}[\Phi]$ einer Größe $\Phi = \Phi[f] := \int_{\mathrm{IR}^3} \phi(v) f(v) d^3 v$ ist definiert durch

$$\mathcal{F}[\Phi] := \int_{\mathrm{IR}^3} v\phi(v) f(v) d^3 v. \tag{2.84}$$

Beispielsweise ist der Fluß der Energiedichte gegeben durch

$$\mathcal{F}[\mathbf{E}] = \frac{1}{2} \int_{\mathrm{IR}^3} v \cdot \|v\|^2 \cdot f(v) d^3 v. \tag{2.85}$$

Als Fluß in Bezug auf die Relativgeschwindigkeit $v - \bar{\mathbf{v}}$ definiert ist der *Wärmeflußvektor*

$$\mathbf{q} := \int_{\mathrm{IR}^3} (v - \bar{\mathbf{v}}) \cdot \|v - \bar{\mathbf{v}}\|^2 f(v) d^3 v. \tag{2.86}$$

In Aufgabe 2.29 wird nachgerechnet, daß der Fluß der Energiedichte mit Hilfe des Wärmeflußvektors geschrieben werden kann in der Form

$$\mathcal{F}[\mathbf{E}] = \rho \left(\frac{1}{2}\|\bar{\mathbf{v}}\|^2 + \mathbf{e} \right) \bar{\mathbf{v}} + \mathbf{P} \cdot \bar{\mathbf{v}} + \mathbf{q}. \tag{2.87}$$

2.29 Aufgabe: Weisen Sie die Formel (2.84) für den Fluß der Energiedichte nach.

2.30 Aufgabe: Zeigen Sie, daß für Maxwell-Funktionen (vgl. (2.74)) gilt

$$\mathbf{P} = \mathbf{p} \cdot I. \tag{2.88}$$

Ist $f(t,x,v)$ Lösung der Boltzmann-Gleichung und ϕ Kollisionsinvariante, so gilt – die Existenz der beteiligten Integrale vorausgesetzt – mit $\Phi(t,x) := \int_{\mathrm{IR}^3} \phi(v) f(t,x,v) d^3 v$

$$\partial_t \Phi(t,x) + \nabla_x \cdot \mathcal{F}[\Phi](t,x) = 0. \tag{2.89}$$

Dies folgt durch Multiplikation der Boltzmann-Gleichung mit ϕ und Integration bezüglich v. Durch Anwendung auf die Basis-Kollisionsinvarianten folgt

2.31 Satz *(Momentengleichungen)*: Sei $f(t,x,v)$ eine nichtnegative Lösung der Boltzmann-Gleichung mit der Eigenschaft

$$\int_{\mathrm{IR}^3} (1 + \|v\|^3) f(t,x,v) d^3 v < \infty. \tag{2.90}$$

Dann gilt

$$\rho_t + \nabla_x \cdot (\rho \bar{\mathbf{v}}) = 0, \tag{2.91}$$

$$(\rho \bar{\mathbf{v}})_t + \nabla_x \cdot (\rho \cdot \bar{\mathbf{v}} \otimes \bar{\mathbf{v}} + \mathbf{P}) = 0, \tag{2.92}$$

mit dem Tensorprodukt $(\bar{\mathbf{v}} \otimes \bar{\mathbf{v}})_{ij} := \bar{v}_i \bar{v}_j$, sowie

$$\partial_t \mathbf{E} + \nabla_x \cdot \left(\rho(\frac{1}{2}\|\bar{\mathbf{v}}\|^2 + \mathbf{e})\bar{\mathbf{v}} + \mathbf{P} \cdot \bar{\mathbf{v}} + \mathbf{q} \right) = 0. \tag{2.93}$$

Beweis: Die Bedingung (2.87) stellt sicher, daß alle in den Gleichungen (2.88) bis (2.90) auftretenden Größen definiert sind. Seien ϕ_i, $i = 0 \ldots 4$, die in Definition 2.19 definierten Basis-Kollisionsinvarianten, und $\Phi_i(t,x) := \int_{\mathrm{IR}^3} \phi_i(t,x) f(t,x,v) d^3 v$, d.h. $\Phi_0 = \rho$, $\underline{\Phi} := (\Phi_i)_{i=1}^3 = \rho \bar{\mathbf{v}}$ und $\Phi_4 = \mathbf{E}$. Die Gleichungen (2.88) bis (2.90) entstehen durch Multiplikation der Boltzmann-Gleichung mit ϕ_i und Integration bzgl. v. Die rechten Seiten der Gleichungen sind gleich Null wegen

$$\int_{\mathbb{R}^3} \phi_i \cdot J(f,f) d^3v = 0. \tag{2.94}$$

Die linken Seiten berechnen sich durch elementare Umformungen. $\Box$

Die 5 Gleichungen (2.88) bis (2.90) enthalten die 5 unbekannten Größen ρ, $v_i, i = 1, 2, 3$, $\mathbf{E}$ sowie weitere Momente zweiter Ordnung und in $\mathcal{F}[\mathbf{E}]$ auch Momente dritter Ordnung und stellen damit kein abgeschlossenes Gleichungssystem dar. Ein wichtiges Modellbildungsproblem besteht in der Formulierung geeigneter Abschlußrelationen. Wir stellen hier zwei Beispiele vor.

2.32 Beispiele *(Abschlußrelationen)*

1. *Euler-Gleichungen:* ρ, $\bar{\mathbf{v}}$ sowie $\mathbf{E}$ und $\mathbf{T}$ seien definiert wie in 2.26. Alle anderen Momente werden ersetzt durch die entsprechenden Momente der Maxwell-Verteilung $M[\rho, \bar{\mathbf{v}}, \mathbf{T}]$. Für Maxwell-Funktionen rechnet man leicht nach, daß $\mathbf{P} = \mathbf{p} \cdot \mathbf{I}$ (mit der Einheitsmatrix $\mathbf{I}$), und $\mathbf{q} = 0$. Damit ergeben sich die Euler-Gleichungen als geschlossenes System von 5 Gleichungen mit 5 Unbekannten zu

$$\rho_t + \nabla_x \cdot (\rho \bar{\mathbf{v}}) = 0, \tag{2.95}$$

$$(\rho \bar{\mathbf{v}})_t + \nabla_x \cdot (\rho \cdot \bar{\mathbf{v}} \otimes \bar{\mathbf{v}}) + \nabla_x \mathbf{p} = 0, \tag{2.96}$$

$$\partial_t \mathbf{E} + \nabla_x \cdot \left((\frac{\rho}{2}\|\bar{\mathbf{v}}\|^2 + \rho \mathbf{e} + \mathbf{p}) \bar{\mathbf{v}} \right) = 0. \tag{2.97}$$

   Diese Näherung ist vom praktischen Standpunkt aus sinnvoll im Fall kleiner Gradienten der makroskopischen Größen, für den die Lösungen der Boltzmann-Gleichung in jedem Punkt x nahe der entsprechenden Maxwell-Funktion ist.

2. *Navier-Stokes-Gleichungen:* Diese Gleichungen erhält man durch die Einführung von auf physikalischen Überlegungen gründenden gradientenabhängigen Korrekturtermen für $\mathbf{P}$ und $\mathbf{q}$:

$$\mathbf{P} := (\mathbf{p} + \lambda \nabla_x \cdot \bar{\mathbf{v}})\mathbf{I} - \mu(\mathbf{D}\bar{\mathbf{v}} + \mathbf{D}\bar{\mathbf{v}}^T) \tag{2.98}$$

mit der Funktionalmatrix $\mathbf{D\bar{v}}$ mit den Koeffizienten $(\mathbf{D\bar{v}})_{ij} = \partial\bar{v}_i/\partial x_j$, und

$$\mathbf{q} = -\kappa\nabla_x\mathbf{T}. \qquad (2.99)$$

Die Größen λ und μ heißen *Viskositätskoeffizienten*, κ ist der *Wärmeleitkoeffizient*. Einsetzen in die Gleichungen des Satzes 2.31 führt auf die Navier-Stokes-Gleichungen. Für eine formale Herleitung der Navier-Stokes-Gleichungen aus der Boltzmann-Gleichung siehe Abschnitt 6.2.

Kapitel 3

Lineare kinetische Gleichungen: Stochastische Modelle

Lösungen linearer kinetischer Gleichungen können auf dem Computer simuliert werden durch die Erzeugung von Realisierungen eines assoziierten stochastischen Prozesses. Dieses Kapitel gibt eine kurze Einführung in diese Problemstellung. Der verwendete mathematische Formalismus setzt hierbei nur die Kenntnis einiger weniger Grundbegriffe der Stochastik voraus.

3.1 Ein lineares System gewöhnlicher Differentialgleichungen

3.1.1 Ein numerisches Experiment

Zur "Einstimmung" betrachten wir einen Schalter, welcher zur Zeit $t_0 = 0$ eingeschaltet ist (Zustand 1) und danach zu zufälligen Zeiten aus- (Zustand -1) und eingeschaltet wird. Nach dem i-ten Umschalten befindet sich das System demnach im Zustand $(-1)^i$. Die zufälligen Umschaltzeiten werden generiert mit Hilfe einer Folge von unabhängigen, auf dem Intervall [0,1) gleichverteilten Zufallszahlen ξ_i. (Die gängigen mathematisch/naturwissenschaftlichen Programmiersprachen stellen einen Zufallszahlengenerator zur Erzeugung der ξ_i zur Verfügung. Inwieweit diese (Pseudo-) Zufallszahlen-generatoren wirklich unabhängige und gleichverteilte Zufallszahlen erzeugen, wollen wir hier nicht erörtern. Dies ist Gegenstand einer eigenständigen mathematischen Theorie, vgl. [53].) Die Transformation $\tau_i := \ln|x_i|/\sigma$ führt auf eine Folge unabhängiger, exponentialverteilter Zufallsvariablen:

$$\mathcal{P}(\tau_i > t) = \int_{\tau=t}^{\infty} p(\tau)d\tau = \exp(-\sigma t) \tag{3.1}$$

mit $p(\tau) = \sigma\exp(-\sigma\tau)$. τ_i beschreibe die Länge des Zeitintervalls, in dem das System im Zustand $(-1)^i$ verharrt. Die i-te Umschaltzeit ist damit gegeben durch

$$t_i = \sum_{k=0}^{i-1} \tau_k. \tag{3.2}$$

Wegen der zufälligen Umschaltzeiten ist die Frage offenbar nicht zu beantworten, in welchem Zustand sich das System zu einer vorgegebenen Zeit $t > 0$ befindet. Hierzu können lediglich Wahrscheinlichkeitsaussagen geleistet werden. Beispielsweise ist das System zur Zeit t im Zustand 1, wenn bis dahin noch nicht umgeschaltet wurde, wenn also $t_1 > t$. Die Wahrscheinlichkeit hierfür ist

$$P_0(t) = \mathcal{P}(t) = \exp(-\sigma t). \tag{3.3}$$

Ebenso ist der Schalter eingeschaltet, wenn bis zur Zeit t genau zweimal umgeschaltet wurde (d.h. $t_2 \leq t < t_3$, bzw. $\tau_0 + \tau_1 \leq t < \tau_0 + \tau_1 + \tau_2$), mit der Wahrscheinlichkeit

$$P_2(t) = \int_{\tau_0=0}^{t} \int_{\tau_1=0}^{t-\tau_0} \int_{\tau_2=t-\tau_0-\tau_1}^{\infty} p(\tau_2)p(\tau_1)p(\tau_0)d\tau_2 d\tau_1 d\tau_0 = \frac{1}{2}(\sigma t)^2 \exp(-\sigma t). \tag{3.4}$$

Man überlegt sich leicht, daß der Schalter genau dann eingeschaltet ist, wenn die Anzahl $n^*(t)$ der Umschaltungen bis zur Zeit t gerade ist. Elementare Rechenregeln der Integralrechnung ergeben, daß die Wahrscheinlichkeit für $n^*(t) = n$ gegeben ist durch

$$P_n(t) = \frac{1}{n!}(\sigma t)^n \exp(-\sigma t). \tag{3.5}$$

Bezeichnen wir nun mit $u_\xi(t)$, $\xi \in \{-1, 1\}$, die Wahrscheinlichkeit für den Zustand ξ zur Zeit t, so folgt durch Aufsummierung über alle geraden n

$$u_1(t) = \sum_{k=0}^{\infty} \frac{(\sigma t)^{2k}}{(2k)!} \exp(-\sigma t) = \cosh(\sigma t) \cdot \exp(-\sigma t) \tag{3.6}$$

und durch Addition der ungeraden Anteile

$$u_{-1}(t) = \sum_{k=0}^{\infty} \frac{(\sigma t)^{2k+1}}{(2k+1)!)} \exp(-\sigma t) = \sinh(\sigma t) \cdot \exp(-\sigma t). \qquad (3.7)$$

Man rechnet leicht nach, daß (u_{-1}, u_1) eine Lösung des folgenden Differentialgleichungssystems ist

$$\partial_t u_{-1} = \sigma(u_1 - u_{-1}), \qquad (3.8)$$

$$\partial_t u_1 = \sigma(u_{-1} - u_1). \qquad (3.9)$$

3.1 Bemerkung: Daß (u_{-1}, u_1) eine Lösung des obigen Differentialgleichungssystems ist, kann auch ohne Rückgriff auf die exakte Lösung gezeigt werden. Die entsprechenden Argumente seien hier kurz skizziert. Für kleine Zeiten h ist die Wahrscheinlichkeit für einen mindestens zweimaligen Zustandswechsel von der Ordnung $\mathcal{O}(h^2)$. Die Wahrscheinlichkeit für einen Wechsel von einem Zustand ξ in den anderen Zustand ξ' ist damit gegeben durch $\mathcal{P}(\tau_0 < h) + \mathcal{O}(h^2) = 1 - \exp(-\sigma h) + \mathcal{O}(h^2) = \sigma h + \mathcal{O}(t^2)$. Daher ist

$$u_\xi(h) = u_\xi(0) - \sigma h u_\xi(0) + \sigma h u_{\xi'}(0) + \mathcal{O}(h^2). \qquad (3.10)$$

Hierbei beschreibt der zweite Term der rechten Seite ("Verlustterm") die Wahrscheinlichkeit, den Zustand ξ zu verlassen und der dritte Term ("Gewinnterm") die Wahrscheinlichkeit, aus dem anderen Zustand in den Zustand ξ überzugehen. Durch den Übergang $h \to 0$ folgen unmittelbar die Gleichungen (3.8), (3.9) zur Zeit $t = 0$. Aufgrund der Exponentialverteilung der Verweilzeiten τ_k beschreibt unser numerisches Experiment die Realisierung eines kontinuierlichen Markov-Prozesses $\xi(t)$. (Zur Definition sog. Markovscher Sprungprozesse s. z. B. [40].) Damit kann die Überlegung, welche wir oben für die Zeit $t = 0$ ausgeführt haben, auch auf beliebige Zeiten $t > 0$ übertragen werden.

Mit dem Gleichungssystem (3.8), (3.9) haben wir für die Dynamik unseres numerischen Experiments die einfachste Version eines (räumlich unabhängigen) diskreten Modells der linearen kinetischen Gleichung des Kapitels 1 hergeleitet. Wir kehren nun die Argumentationsrichtung um und untersuchen, ob dieses Experiment auch zur numerischen

Lösung des Differentialgleichungssystems benutzt werden kann. Den Schlüssel hierzu liefert das *starke Gesetz der großen Zahl* (vgl. Anhang A), aus welchem folgt, daß bei N−maliger Wiederholung des Experiments die relative Häufigkeit, mit der wir das System zur Zeit t im Zustand ξ finden, für $N \to \infty$ (fast sicher) gegen die Wahrscheinlichkeit für diesen Zustand konvergiert. Das ergibt folgenden

3.2 Algorithmus *(zur numerischen Lösung von* (u_{-1}, u_1):

- Wiederhole das oben beschriebene numerische Experiment N-mal. Dies führt zu N stochastisch unabhängigen Realisierungen $\xi^{(k)}(t)$ des in der Bemerkung 3.1 erwähnten Markov-Prozesses.

- Zu gegebener Zeit $t \geq 0$ und Zustand $\xi \in \{-1, 1\}$ bestimme die relativen Häufigkeiten ("empirischen Wahrscheinlichkeiten")

$$u_\xi^{emp,N}(t) := \frac{\sharp\{k : \xi^{(k)}(t) = \xi\}}{N}. \tag{3.11}$$

- Dann ist für N hinreichend groß

$$u_\xi^{emp,N}(t) \approx u_\xi(t). \tag{3.12}$$

3.1.2 Exponentialverteilte ZVa und Poisson-Prozesse

Poisson-ähnliche stochastische Prozesse werden eingesetzt zur numerischen Modellierung von Lösungen linearer kinetischer Gleichungen. Solche Prozesse können auf dem Computer erzeugt werden durch Erzeugung gleichverteilter Zufallsvariabler. Wir wollen zunächst die Grundbegriffe klären. Eine Einführung in die Theorie findet sich in den gängigen Lehrbüchern der Stochastik, z.B. in [40, Vol. I].

3.3 Definition: a) Eine Zufallsvariable ξ auf dem Intervall [0,1) heißt *gleichverteilt*, wenn $\mathcal{P}(0 \leq \xi \leq a) = a$ für alle $a \in$ [0,1);

b) eine Zufallsvariable τ auf [0,∞) heißt *exponentialverteilt mit Parameter* σ (bzw. σ-*exponentialverteilt*), wenn für alle $t \in [0, \infty)$ gilt $\mathcal{P}(\tau > t) = \exp(-\sigma t)$. Die Verteilungsdichte für σ-exponentialverteilte Zufallsvariable ist $\sigma \exp(-\sigma t)$.

3.4 Bemerkung *(Erzeugung exponentialverteilter Zufallsvariabler)*: Alle gängigen mathematisch/naturwissenschaftlichen Programmiersprachen stellen einen Zufallszahlengenerator zur Erzeugung gleichverteilter Zufallsvariabler ξ zur Verfügung. Mit ihrer Hilfe können σ-exponentialverteilte Zufallsvariable τ erzeugt werden durch Ausführung der Transformation $\tau := |\ln(\xi)|/\sigma$ (vgl. Aufgabe 3.5).

3.5 Aufgabe: Zeigen Sie durch Anwendung der Integral-Transformationsformel: Ist ξ gleichverteilt, so ist $\tau := |\ln(\xi)|/|\sigma$ σ-exponentialverteilt.

Es sei nun $(\tau_i)_{i=1}^{\infty}$ eine Folge stochastisch unabhängiger σ-exponentialverteilter Zufallsvariabler (auf dem Computer erzeugt durch sukzessives Aufrufen des Zufallszahlen-Generators und Transformation wie in Bemerkung 3.4). Wir definieren die monoton steigende Folge von Zufallsvariablen (*Zufallszeiten*)

$$t_0 \;:=\; 0, \tag{3.13}$$

$$t_n \;:=\; \sum_{i=1}^{n} \tau_i, \text{ für } n = 1, 2, 3, \ldots \tag{3.14}$$

Zu gegebener Folge $(\tau_i)_{i=1}^{\infty}$ und $t \geq 0$ definieren wir

$$Z(t) := \max\{n \in \{0, 1, 2, \ldots\} | t_n \leq t\}. \tag{3.15}$$

Dann ist $Z(.)$ eine stückweise konstante, rechtsseitig stetige Funktion. Weiter gilt

3.6 Bemerkung: a) Für die Verteilung $P_n(t) := \mathcal{P}(Z(t) = n)$ gilt

$$P_n(t) = \frac{(\sigma t)^n}{n!} \exp(-\sigma t); \tag{3.16}$$

es folgt, daß

$$\lim_{n \to \infty} t_n = \infty \text{ fast sicher (d.h. mit Wahrscheinlichkeit 1).} \tag{3.17}$$

b) $Z(t)$ ist ein *Markov-Prozeß*.

Monoton wachsende Markov-Prozesse auf $\mathbb{N}$ mit der Verteilung (3.16) heißen *Poisson-Prozesse*. $Z(.)$ ist also ein Poisson-Prozeß.

Beweisskizze: Zu a) Wegen

$$Z(t) = n \iff \sum_{i=1}^{n} \tau_i \leq t < \sum_{i=1}^{n+1} \tau_i \tag{3.18}$$

gilt

$$
\begin{aligned}
\mathcal{P}(Z(t) = n) &= \int \cdots \int_{\sum_{i=1}^{n}} \left(\int_{\tau_{n+1} = t - \sum_{i=1}^{n}}^{\infty} \sigma \exp(-\sigma \tau_{n+1}) d\tau_{n+1} \right) \\
&\quad \sigma^n \exp\left(-\sigma \sum_{i=1}^{n} \tau_i \right) d\tau_1 \ldots d\tau_n \\
&= \sigma^n \exp(-\sigma t) \int \cdots \int_{\sum_{i=1}^{n}} d\tau_1 \ldots d\tau_n = \sigma^n \frac{t^n}{n!} \exp(-\sigma t). \tag{3.19}
\end{aligned}
$$

Hieraus folgt die Behauptung.

Mit der Reihenentwicklung für die Exponentialfunktion sehen wir unmittelbar, daß für beliebige $t \geq 0$

$$\sum_{n=0}^{\infty} P_n(t) = 1. \tag{3.20}$$

Daher ist $\mathcal{P}(\lim_{n \to \infty} t_n < t) = 0$ und

$$\mathcal{P}(\lim_{n \to \infty} t_n < \infty) = \mathcal{P}\left(\cup_{t \in \mathbb{N}} \{ \lim_{n \to \infty} t_n < t \} \right) \leq \sum_{t=1}^{\infty} \mathcal{P}(\lim_{n \to \infty} t_n < t) = 0. \tag{3.21}$$

zu b) Da wir keine weitreichenden Kenntnisse über Markov-Prozesse voraussetzen wollen, begnügen wir uns hier mit der einfachsten, für unsere Zwecke weitgehend ausreichenden Definition. Hiernach ist ein Prozeß $\zeta(t)$ mit stückweise konstanten Realisierungen auf einem abzählbaren Zustandsraum $H = \{\zeta_i, i = 1, 2, \ldots\}$ ein Markov-Prozeß, wenn seine Verteilungen $\mathcal{P}(\zeta(t) = \zeta_i)$ die *Chapman-Kolmogorov-Gleichungen* erfüllt: Ist $P_{ij}(t)$ die Wahrscheinlichkeit, daß eine Trajektorie, welche zur Zeit 0 im Zustand ζ_i startet, zur Teit t im Zustand ζ_j ist, so ist für $h \geq 0$

$$P_{ik}(t + h) = \sum_{j} P_{ij}(t) P_{jk}(h). \tag{3.22}$$

In unserem Fall lauten diese Gleichungen

$$P_n(t + h) = \sum_{k=0}^{n} P_k(t) P_{n-k}(h). \tag{3.23}$$

Es ist

$$\sum_{k=0}^{n} P_k(t) P_{n-k}(h) = \sum_{k=0}^{n} \frac{(\sigma t)^k}{k!} \exp(-\sigma t) \frac{(\sigma h)^{n-k}}{(n-k)!} \exp(-\sigma h) \tag{3.24}$$

$$= \frac{\sigma^n}{n!} \exp(-\sigma(t+h)) \sum_{k=0}^{n} \binom{n}{k} t^k h^{n-k} \tag{3.25}$$

$$= \frac{\sigma^n}{n!} \exp(-\sigma(t+h))(t+h)^n = P_n(t+h). \quad \square$$

Durch Nachrechnen folgt

3.7 Folgerung: Die Folge $(P_n)_{n=0}^{\infty}$ ist Lösung des Anfangswertproblems

$$P_0' = -\sigma P_0, \quad P_0(0) = 1, \tag{3.26}$$

$$P_n' = -\sigma P_n + \sigma P_{n-1}, \quad P_n(0) = 0, \quad n = 1, 2, \dots. \tag{3.27}$$

Ohne auf Beweise einzugehen, skizzieren wir nun kurz eine Erweiterung der oben angedeuteten Theorie. Im folgenden sei $\mathbf{N} = \{1, \dots, q\}$ eine endliche Teilmenge von $\mathbb{N}$ und $s : \mathbf{N} \to \mathbb{R}_+$ eine Funktion mit strikt positiven Koeffizienten. ζ_n sei eine Folge auf $\mathbf{N}$; wir definieren $\sigma_n := s(\zeta_n)$. Ähnlich wie oben seien ξ_i eine Folge gleichverteilter Zufallsvariabler auf $[0,1)$, $\tau_i := |\ln(\xi_i)|/\sigma_i$ und $t_n := \sum_{i=1}^{n} \tau_i$ sowie $Z(t) := \max\{n | t_n \leq t\}$ mit der Verteilung $P_n(t) := \mathcal{P}(Z(t) = n)$.

3.8 Satz: $Z(t)$ ist ein Markov-Prozeß. Für kleine $h > 0$ hat die zugehörige Chapman-Kolmogorov-Gleichung die Form

$$P_n(t+h) = P_n(t)(1 - \sigma_n h) + \sigma_{n-1} h P_{n-1} + \mathcal{O}(h^2); \tag{3.28}$$

die P_n sind also Lösung des Anfangswertproblems

$$P_0' = -\sigma_0 P_0, \quad P_0(0) = 1, \tag{3.29}$$

$$P_n' = -\sigma_n P_n + \sigma_{n-1} P_{n-1}, \quad P_n(0) = 0, \quad n = 1, 2, \dots. \tag{3.30}$$

Den Prozeß $Z(t)$ wollen wir im folgenden *verallgemeinerten Poisson-Prozeß* nennen.

3.9 Bemerkung: Diese Überlegungen können auch auf unbeschränkte Mengen **N** übertragen werden. Allerdings muß dann gewährleistet sein, daß $\lim_{n\to\infty} t_n = \infty$ (vgl. Aufgabe 2.11).

Die Verallgemeinerung des folgenden Abschnitts wird darin bestehen, die Folge ζ_n durch eine Markov-Kette zu ersetzen. Ohne auf alle Details der Definition einzugehen (vgl. hierzu [40]), skizzieren wir ihre Konstruktion.

Eine $q \times q$-Matrix K heißt *stochastische Matrix*, wenn alle Koeffizienten k_{ij} nichtnegativ sind und für $j = 1, \ldots, q$ gilt

$$\sum_{i=1}^{q} k_{ij} = 1. \tag{3.31}$$

Mit Hilfe von K kann eine *Markov-Kette* konstruiert werden. Dies ist eine Folge $(\zeta(t))_{t \in \mathbb{N}}$ von ZVa auf **N** mit der Eigenschaft: Ist $\zeta(t) = j$, so ist die Wahrscheinlichkeitsverteilung für $\zeta(t+1)$ gegeben durch $K e_j$, wobei e_j der j-te kanonische Einheitsvektor ist. Kurz:

$$\mathcal{P}(\zeta(t+1) = i | \zeta(t) = j) = (K e_j)_i = k_{ij}. \tag{3.32}$$

3.1.3 Lineare Differentialgleichungssysteme

Wir wenden uns nun linearen Gleichungssystemen zu, welche als diskretisierte Modelle der – räumlich homogenen – linearen kinetischen Gleichung aus Abschnitt 1.5.4 betrachtet werden können. Hierzu wird zunächst der Geschwindigkeitsraum $\mathbb{R}^3$ ersetzt durch eine endliche Menge $\{v_i, i = 1 \ldots q\}$. Die Dichte $f(t, v)$ wird ersetzt durch eine vektorwertige Funktion $\underline{f}(t) = (f_i(t))_{i=1}^{q}$, wobei f_i die Verteilung der Teilchen mit Geschwindigkeit v_i beschreibt. Entsprechend wird der Stoßkern $k(v|v')$ ersetzt durch eine $q \times q$-Matrix $K = (k_{ij})$. Da $k(.|v')$ für alle $v' \in \mathbb{R}^3$ eine Wahrscheinlichkeitsdichte beschreibt, ist es sinnvoll, K als stochastische Matrix zu modellieren. Die Funktion $\sigma(v)$, welche die Stoßhäufigkeit beschreibt, wird ersetzt durch eine Diagonalmatrix

$$S = \text{diag}(s_i, i = 1, \ldots, q) \tag{3.33}$$

mit strikt positiven Koeffizienten s_i. Diese Manipulationen führen auf das folgende lineare Differentialgleichungssystem für $y = \underline{f}$:

$$\partial_t y = (K - \mathrm{id}_q)Sy, \tag{3.34}$$

wobei id_q die Einheitsmatrix in $\mathbb{R}^q$ ist.

3.10 Beispiel: Für das in Abschnitt 3.1.1 beschriebene Modell ist

$$K = \begin{pmatrix} 0 & 1 \\ 1 & 0 \end{pmatrix} \quad \text{und } S = \sigma \cdot \mathrm{id}_2. \tag{3.35}$$

Die stochastische Lösung des folgenden Anfangswertproblems (AWP) ist das Ziel dieses Abschnitts:

3.11 Anfangswertproblem: Zu gegebener stochastischer Matrix K und Diagonalmatrix $S = \mathrm{diag}(s_i, i = 1, \ldots, q)$ mit strikt positiven Diagonalelementen s_i ist die Lösung des Differentialgleichungssystems

$$\partial_t y = KSy - Sy \tag{3.36}$$

zu den Anfangswerten $y(0) = y_0$ gesucht. Die Koeffizienten y_{0i} von y_0 seien nichtnegativ und normiert zu

$$\sum_{i=1}^{q} y_{0i} = 1. \tag{3.37}$$

Nach der Theorie gewöhnlicher Differentialgleichungen ist die Lösung eindeutig und erfüllt die Integraldarstellung

$$y(t) = \exp(-St)y_0 + \int_0^t KS \exp(-S(t-s))y(s)ds. \tag{3.38}$$

Hieraus folgt, daß alle Koeffizienten von $y(t)$, $t \geq 0$, nichtnegativ sind. Wegen

$$\sum_{i=1}^{q}((K - \mathrm{id}_q)Sy)_i = \sum_{i=1}^{q}\left(\sum_{j=1}^{q} k_{ij}s_j y_j - s_i y_i\right) = \sum_{j=1}^{q} s_j y_j - \sum_{i=1}^{q} s_i y_i = 0 \tag{3.39}$$

ist $\sum_{i=1}^{q} y_i$ eine Erhaltungsgröße.

Im Sinne des Abschnitts 3.1.1 beschreibt die Differentialgleichung (3.36) ein System, welches sich in einem von q möglichen Zuständen $1, \ldots, q$ befindet und zu zufälligen Zeiten in einen anderen Zustand wechselt. Der stochastische Zugang zur numerischen Lösung besteht darin, die Zeitintegration in (3.38) durch eine stochastische Summe mit Hilfe von exponentialverteilten Zufallsvariablen zu ersetzen (zur stochastischen Integration s. a. Abschnitt 4.1) und die durch die stochastische Matrix K implizierte Dynamik durch Zufallsvariablen zu simulieren. Dies geschieht durch die Konstruktion von Realisierungen eines mit dem AWP assoziierten stochastischen Prozesses $H(t)$ auf der Menge $\{1, \ldots, q\}$ der möglichen Systemzustände. Zur stochastischen Simulation ist es nötig, zu einem gegebenen Wahrscheinlichkeitsvektor $\mathbf{p} = (p_i)_{i=1}^{q}$ eine Zufallsvariable z auf $\{1, \ldots, q\}$ zu konstruieren, welche verteilt ist gemäß der Wahrscheinlichkeit (p_i). Eine Möglichkeit hierzu bietet das folgende Lemma.

3.12 Lemma: Es sei $\mathbf{p} = (p_i)_{i=1}^{q}$ ein Vektor nichtnegativer Zahlen, und es sei $\sum_{i=1}^{q} p_i = 1$. Ist ξ eine auf $[0,1)$ gleichverteilte Zufallsvariable und ist die Transformation T_p definiert durch

$$z = T_p(\xi) := i, \text{ falls } \sum_{k=1}^{i-1} p_k \leq \xi < \sum_{k=1}^{i} p_k, \tag{3.40}$$

so ist z auf $\{1, \ldots, q\}$ verteilt gemäß $\mathcal{P}(z = i) = p_i$.

Beweis: Es ist $z = i$ genau dann, wenn

$$\xi \in \left[\sum_{k=0}^{i-1} p_k, \sum_{k=0}^{i} p_k \right) \subset [0,1). \tag{3.41}$$

Da ξ auf $[0,1)$ gleichverteilt ist, ist die Wahrscheinlichkeit hierfür gleich der Länge des Intervalls, also gleich p_i. $\square$

Die Berechnung einer einzelnen Realisierung von $H(t)$ geschieht durch den folgenden rekursiven

3.13 Algorithmus (*zur Berechnung einer Realisierung des Prozesses*):

- Setze $t_0 := 0$ und wähle eine gemäß dem Anfangswert y_0 verteilte Zufallsvariable $H^{(0)}$. (Dies geschieht mit Hilfe einer auf (0,1) gleichverteilten Zufallsvariablen und der Transformation in Lemma 3.12).

- Wiederhole die folgenden Schritte: Sind t_k und $H^{(k)}$ gegeben, so

  - wähle eine auf [0,1) gleichverteilte Zufallsvariable ξ_{k+1} und definiere $\tau_{k+1} := |\ln(\xi_{k+1})|/s_{H^{(k+1)}}$;

  - setze $t_{k+1} := t_k + \tau_{k+1}$ und definiere $H(t)$ auf $[t_k, t_{k+1})$ konstant als $H(t) := H^{(k)}$;

  - wähle eine gemäß der Wahrscheinlichkeit $\mathbf{k}_{H^k} := (k_{i,H^{(k)}})_{i=1}^q$ verteilte Zufallsvariable z auf $\{1, \ldots, q\}$ (vgl. Lemma 3.12) und setze $H^{(k+1)} := z$.

Ist die Lösung des AWP zum Zeitpunkt $T > 0$ erwünscht, so ist die Schleife solange zu wiederholen, bis $t_{k+1} > T$. N-malige Wiederholung des Experiments und Berechnung der relativen Häufigkeiten für die einzelnen Zustände $i \in \{1, \ldots, q\}$ ergeben – wie unten weiter belegt wird – wie im Algorithmus 3.2 eine approximative Lösung des AWP zur Zeit T. Zur Vorbereitung des Beweises benötigen wir

3.14 Lemma: a) Die Zufallsvariablen τ_k in Abhängigkeit von $H^{(k)}$ exponentialverteilt:

$$\mathcal{P}(\tau_k > t) = \exp(-s_{H^{(k)}}t).^1 \tag{3.42}$$

b) $H(t)$ ist für alle Zeiten $t \geq 0$ definiert, denn es gilt fast sicher

$$\lim_{k \to \infty} t_k = \infty. \tag{3.43}$$

Beweis: Die erste Formel folgt durch Integraltransformation:

$$\begin{aligned}
\mathcal{P}(\tau_k > t) &= \mathcal{P}(\ln(\xi_k) < -t/s_{H^{(k)}}) \\
&= \mathcal{P}(\xi_k < \exp(-t/s_{H^{(k)}})) = \int_0^{\exp(-t/s_{H^{(k)}})} d\xi = \exp(-t/s_{H^{(k)}}).
\end{aligned} \tag{3.44}$$

---

[1]Sind die s_i von i unabhängig: $s_i \equiv \text{const} =: s$, so beschreiben die Zeiten t_i einen Poisson–Prozeß mit Parameter s.

Für die zweite Aussage definieren wir $s_{max} := \max_{k=1,\ldots,q} s_k$. Notwendig für

$$t_k = \sum_{i=1}^{k} \tau_i \leq t \tag{3.45}$$

ist wegen $\tau_i = |\ln \xi_i|/s_{H(i)} \geq |\ln \xi_i|/s_{max}$ die Bedingung

$$\sum_{i=1}^{k} |\ln \xi_i| \leq s_{max} \cdot t. \tag{3.46}$$

Die Zufallsvariablen $\bar{\tau}_i := |\ln \xi_i|$ sind exponentialverteilt mit Parameter 1. Durch vollständige Induktion errechnet man leicht, daß

$$\mathcal{P}(\sum_{i=1}^{k} \bar{\tau}_i \leq \tilde{t}) = \int \ldots \int_{\sum \bar{\tau}_i < \tilde{t}} \exp(-\sum_{i=0}^{k} \bar{\tau}_i) d\bar{\tau}_0 \ldots d\bar{\tau}_k$$

$$\leq \int \ldots \int_{\sum \bar{\tau}_i < \tilde{t}} d\bar{\tau}_0 \ldots d\bar{\tau}_k = \frac{\tilde{t}^k}{k!}. \tag{3.47}$$

Damit ist

$$\mathcal{P}(t_k \leq t) \leq \frac{(s_{max}t)^k}{k!} \longrightarrow 0 \text{ für } k \to \infty, \tag{3.48}$$

also für beliebige $t > 0$

$$\mathcal{P}(\lim_{k \to \infty} t_k \leq t) = 0, \tag{3.49}$$

woraus die Aussage folgt.   □

Wie in Abschnitt 3.1.1 führt die N-malige Wiederholung des Algorithmus und die Berechnung derzugehörigen empirischen Wahrscheinlichkeiten zur Zeit t auf eine Approximation der Wahrscheinlichkeit des Systemzustands zur Zeit t, $\mathbf{p}(t) = (p_i(t))_{i=1}^{q}$ (mit fast sicherer Konvergenz für $N \to \infty$). Nach Konstruktion der Startbedingung ist $\mathbf{p}(0) = y_0$. Desweiteren gilt

3.15 Lemma: Zur Zeit $t = 0$ erfüllt $\mathbf{p}(.)$ die Differentialgleichung des AWP, d.h.

$$\partial_t \mathbf{p}(0) = (K - \mathrm{id}_q) S \mathbf{p}(0). \tag{3.50}$$

Beweis: Nach der Formel für bedingte Wahrscheinlichkeiten ist

$$
\begin{aligned}
p_i(t) = \mathcal{P}(H(t) = i) &= \sum_{j=1}^{q} \mathbf{P}(H(t) = i | H(0) = j) \cdot \mathcal{P}(H(0) = j) \\
&= \sum_{j=1}^{q} p_{ij(t)} \cdot p_j(0) \tag{3.51}
\end{aligned}
$$

mit den Übergangswahrscheinlichkeiten

$$
p_{ij}(t) = \mathbf{P}(H(t) = i | H(0) = j). \tag{3.52}
$$

Ist $H(0) = j$, so ist für $t = h \to 0$ die Wahrscheinlichkeit, daß keine Zustandsänderung erfolgt, gleich $\mathcal{P}(\tau_0 > h) = \exp(-s_j h) = (1 - s_j h) + \mathcal{O}(h^2)$. Die Wahrscheinlichkeit für mindestens eine Änderung ist gleich $\mathcal{P}(\tau_0 \leq h) = 1 - \exp(-s_j h) = s_j h + \mathcal{O}(h^2)$, und die Wahrscheinlichkeit für mehr als eine Änderung ist von der Ordnung $\mathcal{O}(h^2)$. Im Falle einer Zustandsänderung ist die Übergangswahrscheinlichkeit gegeben durch den Vektor $\mathbf{k}_j = (k_{ij})_{i=1}^{q}$. Aus alledem ergibt sich, daß

$$
p_{ij}(h) = (1 - s_j h)\delta_{ij} + s_j h k_{ij} + \mathcal{O}(h^2) \tag{3.53}
$$

mit dem Kronecker-Symbol δ_{ij}, und damit

$$
p_i(h) = \sum_{j=1}^{q} p_{ij}(h) p_j(0) = p_i(0) - s_i h p_i(0) + h \cdot \sum_{j=1}^{q} s_j k_{ij} p_j(0) + \mathcal{O}(h^2), \tag{3.54}
$$

also

$$
\mathbf{p}(h) - \mathbf{p}(0) = h \cdot (KS\mathbf{p} - S\mathbf{p}) + \mathcal{O}(h^2). \tag{3.55}
$$

Mit Division durch h und Grenzwertbildung für $h \to 0$ folgt die Behauptung. $\qquad\Box$

Wir können an dieser Stelle nicht auf den zur mathematischen Beschreibung stochastischer Prozesse – insbesondere Markov-Prozesse – benötigten Formalismus eingehen. Daher stellen wir ohne Beweis fest:

3.16 Bemerkung: a) $H(t)$ ist ein Markov-Prozeß.

b) Der Generator des Prozesses ist $(K - \mathrm{id}_q)S$.

(Die Theorie der Markovschen Sprungprozesse – und um einen solchen handelt es sich hier – findet sich in vielen Lehrbüchern der Stochastik. Erwähnt sei hier nur [40] .)

Die wichtigste Folge ist für uns an dieser Stelle, daß die Überlegungen des Lemmas 3.15 auf beliebige $t > 0$ übertragen werden kann. Es folgt

3.17 Folgerung: a) $\mathbf{p}(t)$ ist die eindeutige Lösung des AWP.

b) Ist $t \geq 0$ fest und $\mathbf{p}^{emp,N}$ die empirische Lösung nach N Versuchen $H^{(k)}$, $k = 1, \ldots, N$, definiert durch

$$p_j^{emp,N}(t) = \frac{\sharp\{k | H^{(k)}(t) = j\}}{N}, \tag{3.56}$$

so folgt aus dem Gesetz der großen Zahl, daß

$$\mathbf{p}^{emp,N}(t) \longrightarrow \mathbf{p}(t) \text{ für } N \to \infty \text{ fast sicher.} \tag{3.57}$$

3.2   Diskrete kinetische Modelle

3.2.1   Kinetische Modellgleichungen

Wir wenden uns nun räumlich abhängigen Problemen zu und betrachten zunächst das folgende System kinetischer Modellgleichungen zu einer vorgegebenen Menge $\{v_1 \ldots, v_q\}$ zulässiger Geschwindigkeiten:

$$(\partial_t + v_i \cdot \nabla_x)f_i = \sum_{j=1}^{q} k_{ij}s_j f_j - s_i f_i, \quad i = 1, \ldots, q, \tag{3.58}$$

Gleichungen dieser Art treten beispielsweise auf, wenn lineare kinetische Modellgleichungen wie in Abschnitt 1.5.4 beschrieben bezüglich der Geschwindigkeitsvariablen v diskretisiert werden. Das im folgenden betrachtete AWP lautet in Vektorschreibweise – mit $\mathbf{v} = (v_i)_{i=1}^{q}$ und $\mathbf{f} = (f_i)_{i=1}^{q}$ sowie $\langle \mathbf{vf} \rangle := (v_i f_i)_{i=1}^{q}$

3.18 Anfangswertproblem: Gesucht ist eine Lösung[2] $\mathbf{f}(t,x)$ des Gleichungssystems

$$\partial_t \mathbf{f} + \nabla_x \langle \mathbf{v}\mathbf{f} \rangle = (K - \mathrm{id}_q)S\mathbf{f} \tag{3.59}$$

zur Anfangsbedingung $\mathbf{f}(0,x) = \mathbf{f}_0$ zu vorgegebener nichtnegativer integrierbarer Funktion $\mathbf{f}_0$. O.B.d.A. wählen wir $\mathbf{f}_0$ normiert zu

$$\sum_{i=1}^{q} \int_{\mathrm{IR}^3} f_{0i}(x)dx = 1. \tag{3.60}$$

Die Differentialgleichungen unterscheiden sich von denen des vorigen Abschnitts durch die Terme $v_i \nabla_x$. Erinnern wir uns an die Bedeutung des Operators $\partial_t + v \cdot \nabla_x$. Wie in Abschnitt 1.2 gezeigt, ist die Gleichung

$$(\partial_t + v \cdot \nabla_x)f = 0 \tag{3.61}$$

ein Spezialfall der Liouville-Gleichung und beschreibt die Evolution einer Wahrscheinlichkeitsverteilung unter dem freien Fluß mit Geschwindigkeit v. Es liegt daher nahe, diesen freien Fluß als Komponente in den Algorithmus 3.6 aufzunehmen. Die Modifikation lautet:

3.19 Algorithmus *(zur Berechnung einer Realisierung des Prozesses)*:

- Wähle zur Zeit $t_0 = 0$ eine gemäß

$$\int_{\mathrm{IR}^3} \mathbf{f}\,dx = \left(\int_{\mathrm{IR}^3} f_i\,dx \right)_{i=1}^{q} \tag{3.62}$$

verteilte Zufallsvariable $H^{(0)}$; setze $V^{(0)} := v_{H^{(0)}}$ und wähle anschließend eine gemäß $f_{0,H^{(0)}}(.)$ verteilte Zufallsvariable $X^{(0)}$.

- Wiederhole die folgenden Schritte: Sind t_k, $X^{(k)}$ und $H^{(k)}$ sowie hiermit $V^{(k)}$ gegeben, so

  - wähle eine auf $[0,1)$ gleichverteilte Zufallsvariable ξ_{k+1} und definiere $\tau_{k+1} :=$ $|\ln(\xi_{k+1})|/s_{H^{(k+1)}}$;

---

[2] Der Lösungsbegriff wird weiter unten erneut modifiziert werden: Gesucht ist keine klassische – also stetig differenzierbare, sondern eine sog. schwache Lösung.

- setze $t_{k+1} := t_k + \tau_{k+1}$ und definiere $X(t)$ und $V(t)$ auf $[t_k, t_{k+1})$ als Lösungen der Newton-Gleichungen, also $X(t) := X^{(k)} + (t - t_k) \cdot V^{(k)}$ und H und V konstant: $H(t) := H^{(k)}$, $V(t) := V^{(k)}$;

- wähle eine gemäß der Wahrscheinlichkeit $\mathbf{k}_{H^k} := (k_{i,H^{(k)}})_{i=1}^q$ verteilte Zufallsvariable z auf $\{1, \ldots, q\}$ (vgl. Lemma 3.12) und setze $H^{(k+1)} := z$ sowie $V^{(k+1)} := v_{H^{(k+1)}}$.

Zur Auswertung mittels relativer Häufigkeiten ist es nötig, den Ortsraum zu partitionieren, d.h. in eine abzählbare Menge von Teilmengen (in der Regel Teilintervalle) zu unterteilen und zu registrieren, in welcher Teilmenge sich die Komponenten $X(t)$ befinden.

Um einen Zusammenhang zwischen dem durch den Algorithmus 3.13 definierten stochastischen Prozeß und dem AWP 3.11 zu formulieren, ist es nötig, das AWP umzuformulieren. Hierzu multiplizieren wir die Gleichungen (3.34) mit stetig differenzierbaren Testfunktionen $\psi_i(x)$ mit kompakten Trägern (welche wir zu einer Vektorfunktion $\psi = (\psi_i)_{i=1}^q$ zusammenfassen) und summieren bezüglich i. Im folgenden bezeichne für gegebene Vektorfunktionen $\mathbf{f} = (f_i)_{i=1}^q$, $\mathbf{g} = (g_i)_{i=1}^q$, ... das Symbol $\langle \mathbf{f}, \mathbf{g}, \ldots \rangle$ den Vektor aus $\mathbb{R}^q$ mit den Komponenten $\int_{\mathbb{R}^3} f_i(x) g_i(x) \ldots dx$, $i = 1, \ldots, q$. Multiplikation mit ψ und Integration ergibt auf der linken Seite des Differentialgleichungssystems $\partial_t \langle \mathbf{f}, \psi \rangle + \langle (\mathbf{v} \cdot \nabla_x) \mathbf{f}, \psi \rangle$. Nach den Regeln der partiellen Integration ist $\langle (\mathbf{v} \cdot \nabla_x) \mathbf{f}, \psi \rangle = -\langle \mathbf{f}, (\mathbf{v} \cdot \nabla_x) \phi \rangle$. Die rechte Seite ergibt $\langle KS\mathbf{f}, \psi \rangle - \langle S\mathbf{f}, \psi \rangle$.

3.20 Definition (*Schwache Lösung des AWP*): Eine Funktion $\mathbf{f}(t, x) = (f_i(t, x))_{i=1}^q$ heißt *schwache Lösung* des AWP, wenn für beliebige stetig differenzierbare Funktionen $\psi(x) = (\psi_i(x))_{i=1}^q$ mit kompaktem Träger gilt

$$\langle \mathbf{f}(0), \psi \rangle = \langle \mathbf{f}_0, \psi \rangle, \tag{3.63}$$

sowie

$$\partial_t \langle \mathbf{f}, \psi \rangle - \langle \mathbf{f}, (\mathbf{v} \cdot \nabla_x \psi) \rangle = \langle KS\mathbf{f}, \psi \rangle - \langle S\mathbf{f}, \psi \rangle. \tag{3.64}$$

3.21 Satz: Die Verteilung $d\mu_t(x) = (d\mu_h^{(i)}(x))_{i=1}^q$ des durch den Algorithmus 3.19 definierten stochastischen Prozesses $(X(t), V(t))$ ist eine schwache Lösung des AWP.

Beweisskizze: Da die Anfangswerte $(X^{(0)}, V^{(0)})$ gemäß der Verteilung f_0 gewählt sind, ist die Anfangsbedingung erfüllt.

Für kleine $h > 0$ ist die Wahrscheinlichkeit $\mathcal{P}(t_2 < h)$ von der Ordnung $\mathcal{O}(h^2)$. Unter der Voraussetzung $t_2 > h$ gilt: Ist $t_1 > h$, so ist $(X(h), V(h)) = (X^{(0)} + hV^{(0)}, V^{(0)})$, andernfalls $(X(h), V(h)) = (X^{(0)} + t_1 V^{(0)} + (h - t_1)V^{(1)}, V^{(1)})$. Konditionierung nach t_1 ergibt

$$
\begin{aligned}
\int_{\mathrm{IR}^3} \psi_i(x) d\mu_h^{(i)}(x) &= (1 - \sigma_i h) \int_{\mathrm{IR}^3} \psi_i(x + hv_i) d\mu_0^{(i)}(x) \\
&\quad + \sum_{j=1}^q k_{ij} \int_{\tau=0}^h \int_{\mathrm{IR}^3} \sigma_j \psi_i(x + \tau v_j + (h - \tau)v_i) d\mu_0^{(j)}(x) \\
&\quad + \mathcal{O}(h^2) \\
&= (1 - \sigma_i h) \int_{\mathrm{IR}^3} \psi_i(x) d\mu_0^{(i)}(x) + h \int_{\mathrm{IR}^3} v_i \cdot \nabla_x \psi_i(x, v) d\mu_0^{(i)}(x) \\
&\quad + h \sum_{j=1}^q k_{ij} \int_{\mathrm{IR}^3} \sigma_j \psi_i(x) d\mu_0^{(j)}(x) + \mathcal{O}(h^2).
\end{aligned}
\tag{3.65}
$$

Durch Grenzwertbildung $h \searrow 0$ folgt die schwache Version der Differentialgleichung für $t = 0$. Für beliebige $t > 0$ folgt die Gleichung aus der Tatsache, daß $(X(t), V(t))$ ein Markov-Prozeß ist (was wir hier nicht im Detail beweisen wollen). $\square$

3.2.2   Beispiel: Die Telegraphengleichung

Ein Zusammenhang zwischen elektrodynamischen Feldern und kinetischen Gleichungen kann mittels der Telegraphengleichung hergestellt werden.

Die Maxwell–Gleichungen

Elektromagnetische Wechselfelder werden beschrieben durch die Maxwell–Gleichungen für die elektrische Feldstärke **E** und die magnetische Feldstärke **H**.

3.22 Maxwell–Gleichungen: Zu gegebener Ladungsdichte $\rho(x)$, Dielektrizitätskonstante ϵ, Permeabilität μ und der Lichtgeschwindigkeit $c = 3 \cdot 10^{10}$cm/s sind $\mathbf{E}$ und $\mathbf{H}$ gegeben durch

$$\mathrm{div}(\epsilon\mathbf{E}) = 4\pi\rho, \quad \mathrm{div}(\mu\mathbf{H}) = 0, \tag{3.66}$$

$$\mathrm{rot}\,\mathbf{E} = -\frac{1}{c}\frac{\partial(\mu\mathbf{H})}{\partial t}, \tag{3.67}$$

$$\mathrm{rot}\,\mathbf{H} = \frac{1}{c}\frac{\partial(\epsilon\mathbf{E})}{\partial t} + \frac{4\pi\lambda}{c}\mathbf{E} \tag{3.68}$$

(vgl. [75]).

Für $\rho \equiv 0$ und ϵ, μ konstant sowie $r = c/\sqrt{\epsilon\mu}$ sind $\mathbf{E}$ und $\mathbf{H}$ Lösungen der *Telegrafengleichung*

$$(\partial_t^2 - r^2\Delta)u + \frac{4\pi\lambda}{\epsilon}\partial_t u = 0 \tag{3.69}$$

(vgl. Aufgabe 3.23). Diese Gleichung stellt eine Verallgemeinerung der *Wellengleichung* dar.

3.23 Aufgabe: Wenden Sie den Operator rot auf die Gleichungen (3.66)–(3.68) an und leiten Sie damit die Telegrafengleichung (3.69) für $\mathbf{E}$ und $\mathbf{H}$ her.

Modellierung der Telegrafengleichung durch kinetische Gleichungen

Wir wollen nun ein kinetisches Modell für die räumlich eindimensionale Telegrafengleichung herleiten. In Verallgemeinerung von Gleichung (3.69) betrachten wir die Gleichung

$$u_{tt} + a \cdot u_t = u_{xx} + b \cdot u_x. \tag{3.70}$$

Wir setzen voraus, daß $a > |b|$. Dann gibt es positive Konstanten α und β derart, daß

$$\alpha + \beta = a \quad \text{und} \quad \alpha - \beta = b. \tag{3.71}$$

Wie unten gezeigt wird, können Lösungen der Telegrafengleichung konstruiert werden aus Lösungen der Gleichungen eines diskreten Geschwindigkeitsmodells mit den Geschwindigkeiten $v_{-1} = -1$ und $v_1 = 1$,

$$(\partial_t + \partial_x)f_1 = \beta \cdot f_{-1} - \alpha \cdot f_1, \tag{3.72}$$

$$(\partial_t - \partial_x)f_{-1} = \alpha \cdot f_1 - \beta \cdot f_{-1}. \tag{3.73}$$

3.24 Bemerkung: Ist (f_1, f_2) eine Lösung des Gleichungssystems (3.72), (3.73), so ist $u := f_1$ eine Lösung der Telegrafengleichung.

Beweis: Aus

$$\beta f_{-1} = (\partial_t + \partial_x)u + \alpha u \tag{3.74}$$

folgt die Beziehung

$$\begin{aligned}
\beta(\partial_t - \partial_x)f_{-1} &= (\partial_t - \partial_x)(\partial_t + \partial_x)u + \alpha(\partial_t - \partial_x)u \\
&= (\partial_{tt} - \partial_{xx})u + \alpha(\partial_t - \partial_x)u. \tag{3.75}
\end{aligned}$$

Durch Einsetzen in die zweite Gleichung folgt die Telegrafengleichung nach wenigen elementaren Umformungen. $\square$

3.25 Aufgabe: Schreiben Sie ein Computerprogramm zur stochastischen Simulation der Telegrafengleichung mit Hilfe der kinetischen Gleichungen (3.72), (3.73). Lösen Sie mit Hilfe dieses Programms die Gleichungen für die Parameter $a = 1$, $b = 0$ und die Anfangswerte $f_1 = \chi_{[0,1]}$, $f_{-1} \equiv 0$. (Welchen Anfangswerten der Telegrafengleichung entspricht diese Wahl?)

3.3 Kinetische Gleichungen

3.3.1 Ein stochastischer Algorithmus

Die kinetische Gleichung

$$(\partial_t + v \cdot \nabla_x)f(t,x,v) = \int_{\mathbb{R}^q} k(v|v')c(v')f(t,x,v')dv' - c(v)f(t,x,v) \tag{3.76}$$

hat eine ähnliche Struktur wie das diskrete System 3.58. Die diskrete Geschwindigkeitsmenge wird hier ersetzt durch $\mathbb{R}^3$ (bzw. S^2 im Fall des Lorentzgases) und Summe und
stochastische Matrix K durch das Stoßintegral mit Stoßkern $k(.,.)$. Die Übertragung des
Algorithmus 3.19 auf kinetische Gleichungen mit Anfangswert $f(0) = f_0 \in L^1_+(\mathbb{R}^3 \times \mathbb{R}^3)$,
$\|f_0\|_{L^1} = 1$, ist naheliegend.

3.26 Algorithmus *(zur stochastischem Simulation des kinetischen AWP)*:

1. Wähle zur Zeit $t_0 = 0$ eine gemäß der Anfangsdichte f_0 verteilte ZVa $(X^{(0)}, V^{(0)})$.

2. Wiederhole die folgenden Schritte: Sind t_k und $(X^{(k)}, V^{(k)})$ gegeben, so

   (a) wähle eine $\sigma(V^{(k)})$-exponentialverteilte ZVa τ_{k+1};

   (b) setze $t_{k+1} := t_k + \tau_{k+1}$ und definiere $X(t)$ und $V(t)$ in $[t_k, t_{k+1}]$ als Lösungen
       der Newton-Gleichungen:

$$\dot{X} = V \quad , \qquad \dot{V} = 0,$$
$$X(t_k) = X^{(k)} \quad , \qquad V(t_k) = V^{(k)};$$

   (c) setze $X^{(k+1)} := X(t_{k+1})$ und wähle eine gemäß $k(., V(t_{k+1})) = k(., V^{(k)})$
       verteilte ZVA $V^{(k+1)}$.

Die schwache Formulierung des Anfangswertproblems lautet: Ist $\psi(x, v)$ eine stetige,
bezüglich v stetig differenzierbare Funktion, so ist

$$\int_{\mathbb{R}^2 \times \mathbb{R}^3} f(0, x, v)\psi(x, v)dxdv = \int_{\mathbb{R}^2 \times \mathbb{R}^3} f_0(x, v)\psi(x, v)dxdv \qquad (3.77)$$

sowie

$$\partial_t \int_{\mathbb{R}^3 \times \mathbb{R}^3} f\psi dxdv \; - \; \int_{\mathbb{R}^3 \times \mathbb{R}^3} f(v \cdot \nabla_x \psi)dxdv \qquad (3.78)$$
$$= \int_{\mathbb{R}^3} \int_{\mathbb{R}^3} \psi(v) \int_{\mathbb{R}^3} k(v|v')\sigma(v')f(v')dv'dvdx$$
$$- \int_{\mathbb{R}^3 \times \mathbb{R}^3} \psi(v)\sigma(v)f(v)dvdx.$$

Analog zu Satz 3.21 kann gezeigt werden:

3.27 Satz: Die Verteilung $d\mu_t(x,v)$ des durch den Algorithmus 3.26 definierten stochastischen Prozesses $(X(t), V(t))$ ist eine schwache Lösung der Differentialgleichung (3.76) zum Anfangswert $f(0) = f_0$.

Für einen Beweis siehe [8] und die dort angegebene Literatur.

Bevor wir uns nun dem praktischen Aspekt der Erzeugung passender Zufallsvariablen zuwenden, wollen wir kurz überlegen, wie der Algorithmus 3.26 modifiziert werden muß beim Vorliegen von Kraftfeldern F (vgl. Abschnitt 1.2) oder im Falle von Rändern, an welchen Gasteilchen gemäß eines Reflexionsgesetzes abgelenkt werden (Abschnitt 1.3). Beide Phänomene wirken sich nur auf den Schritt 2 (b) aus. Existiert ein divergenzfreies Kraftfeld F, so muß die Newton-Gleichung wie in Kapitel 1 beschrieben modifiziert werden, und $X(t)$ und $V(t)$ müssen durch passende numerische Verfahren für gewöhnliche Differentialgleichungssysteme berechnet werden. Im Fall reflektierender Ränder muß beim Auftreffen von $X(t)$ auf einen Punkt a des Randes zu einer Zeit $\tilde{t} \in (t_k, t_{k+1})$ die Geschwindigkeit $V(\tilde{t})$ gemäß dem zugrundeliegenden Reflexionsgesetz geändert werden. Unter einem deterministischen Gesetz $R(a;.)$ muß $V(\tilde{t})$ ersetzt werden durch $R(a; V(\tilde{t}))$; unter einem stochastischen Gesetz $R_a(d^3w|v)$ muß die neue Geschwindigkeit zufällig gemäß der Verteilung $R_a(.|V(\tilde{t}))$ gewählt werden.

3.3.2 Numerische Erzeugung von ZVa

In Schritt 2(c) des Algorithmus wurde nicht erklärt, *wie* man am Rechner die neuen Geschwindigkeiten $V^{(k+1)}$ mit Hilfe von auf [0,1] gleichverteilten ZVa konstruieren kann. In der Regel wird man versuchen, die Wahrscheinlichkeitsdichte $k(.|V(t_{(k+1)})$ durch Transformation auf eine einfachere Verteilung zu reduzieren. Ist z.B. $T(.,.) : [0,1]^3 \times \mathbb{R}^3 \to \mathbb{R}^3$ eine Abbildung derart, daß für festes $v' \in \mathbb{R}^3$ die Funktinaldeterminante von

$T(.,v')$ gegeben ist durch

$$\left|\frac{\partial T(v|v')}{\partial v}\right| = k(T(z,v')|v'), \tag{3.79}$$

so gilt: ist z eine auf [0,1] gleichverteilte ZVa, so ist $T(z,v')$ verteilt gemäß der Wahrscheinlichkeitsdichte $k(.,v')$. Ein Hilfsmittel zur Erzeugung von eindimensionalen ZVa liefert die folgende elementare Aussage.

3.28 Lemma *(f-verteilte ZVa)*: Ist $f : I \to \mathbb{R}_+$ eine Wahrscheinlichkeitsdichte auf einem Intervall $I \subset \mathbb{R}$ und ist $F(x) := \int_{\zeta < x} f(\zeta)d\zeta$ die zugehörige Verteilungsfunktion, so gilt: Ist ζ_i eine Folge von auf [0,1] gleichverteilten ZVa, so ist $\eta_i := F^{-1}(\zeta_i)$ auf I verteilt gemäß der Dichte f.

Beweis: Die Aussage ist eine einfache Folge aus der Transformationsregel für Integrale. Zur Illustration wählen wir ein kleines Intervall $[a,b) \subset I$ und berechnen mit $\eta = F^{-1}(\zeta)$ und aufgrund der Gleichverteilung von ζ

$$\mathcal{P}(\eta \in [a,b)) = \mathcal{P}(\zeta \in [F(a),F(b))) = F(b) - F(a) = \int_a^b f(\zeta)d\zeta. \tag{3.80}$$

Damit ist η verteilt gemäß der Wahrscheinlichkeitsdichte f. $\quad\square$

Häufig ist es schwierig, die Inverse F^{-1} zu berechnen. Eine wichtige Methode zur Erzeugung von f-verteilten ZVa ist die Methode der Zurückweisung, welche im folgenden beschrieben wird.

3.29 Lemma *(Methode der Zurückweisung)*: f sei eine Wahrscheinlichkeitsdichte auf dem Intervall $I = [0,1]$, $f(\eta) \le c$ für alle $\eta \in [0,1]$; ferner sei (ζ_i, η_i) eine Folge auf $[0,1]^2$ gleichverteilter ZVa. Es sei $(\eta_{n(i)})_{i\in\mathbb{N}}$ die Teilfolge der Elemente von $(\eta_i)_{i\in\mathbb{N}}$, für die gilt

$$\zeta_{n(i)} \le \frac{1}{c}f(\eta_{n(i)}). \tag{3.81}$$

Dann ist $\eta_{n(i)}$ verteilt gemäß der Dichte f.

Beweis: Durch den Auswahlmechanismus für die $\eta_{n(i)}$ ist die Verteilung von $\eta_{n(i)}$

gegeben durch die bedingte Wahrscheinlichkeit für die Paare (ζ, η),

$$\mathcal{P}(\eta \in [a,b] | \zeta \leq \tfrac{1}{c} f(\eta)) = \mathcal{P}((\zeta, \eta) \in [0,1] \times [a,b] | \zeta \leq \tfrac{1}{c} f(\eta)). \tag{3.82}$$

Nach den Grundbegriffen der Wahrscheinlichkeitsrechnung ist diese bedingte Verteilung definiert als

$$\frac{\mathcal{P}((\zeta, \eta) \in [0,1] \times [a,b], \zeta \leq \tfrac{1}{c} f(\eta))}{\mathcal{P}(\zeta, \eta \in [0,1]^2, \zeta \leq \tfrac{1}{c} f(\eta))}. \tag{3.83}$$

Der Term im Zähler führt wegen der Gleichverteilung von (ζ, η) auf $[0,1]^2$ auf das Integral

$$\int_a^b \int_0^{f(\eta)/c} d\zeta \, d\eta = \frac{1}{c} \int_a^b f(\eta) d\eta, \tag{3.84}$$

während der Nenner den Wert

$$\int_0^1 \int_0^{f(\eta)/c} d\zeta \, d\eta = \frac{1}{c} \int_0^1 f(\eta) d\eta = \frac{1}{c} \tag{3.85}$$

annimmt. Damit wird die Verteilung der $\eta_{n(i)}$ durch die Dichte f beschrieben. $\square$

Für weitere Aspekte der Erzeugung von Folgen von ZVa vgl. [53] sowie das Vorlesungsmanuskript [65]. Wir beschränken uns hier auf wenige Beispiele im Zusammenhang mit den Wahrscheinlichkeitsdichten $k(., v')$.

3.30 Beispiele: a) Für alle v' sei $k(.|v')$ kugelsymmetrisch: $k(v|v') = k(r|v')$ mit $r = |v|$. Die Transformation auf Polarkoordinaten durch

$$v \longrightarrow (r \sin\theta \cos\phi, r \sin\theta \sin\phi, r \cos\theta)^T \tag{3.86}$$

mit der Jacobideterminante $r^2 \sin\theta$ führt auf die faktorisierende Wahrscheinlichkeitsverteilung

$$k(v, v') dv = (4\pi r^2 k(r) dr) \cdot \left(\frac{1}{2} \sin\theta \, d\theta\right) \cdot \left(\frac{1}{2\pi} d\phi\right). \tag{3.87}$$

Die drei Faktoren auf der rechten Seite sind Wahrscheinlichkeitsverteilungen auf $I_1 := [0, \infty)$, $I_2 := [0, \pi)$ bzw. $I_3 := [0, 2\pi)$. Sind nun ζ_i, $i = 1 \ldots 3$, die eindeutigen bijektiven Funktionen von I_i nach $[0,1)$, welche definiert sind durch

$$\frac{d\zeta_1}{dr} = 4\pi r^2 k(r|v'), \quad \zeta_1(0) = 0, \tag{3.88}$$

$$\zeta_2(\theta) = \frac{1}{2}(1 - \cos\theta), \quad \zeta_3(\phi) = \frac{1}{2\pi}\phi, \tag{3.89}$$

und ist $z = (z_1, z_2, z_3)$ auf [0,1) gleichverteilt, so ist die Geschwindigkeit v mit den Polarkoordinaten (r, θ, ϕ),

$$r = \zeta_1^{-1}(z_1), \tag{3.90}$$

$$\theta = \zeta_2^{-1}(z_2) = \arccos(1 - z_2), \tag{3.91}$$

$$\phi = \zeta_3^{-1}(z_3) = 2\pi z_3 \tag{3.92}$$

verteilt gemäß $k(., v')$, vgl. Lemma 3.28. Zur Bestimmung der ZVa r bietet sich neben der Invertierung von ζ_1, welche möglicherweise nicht effizient durchführbar ist, auch die Zurückweisungsmethode an, vgl. Lemma 3.29.

b) Zur Modellierung einer impulserhaltenden kinetischen Gleichung kann nach Beispiel 2.3 b) ein Stoßkern der Form

$$k(v|v') = k_0(v - v'|v') \tag{3.93}$$

gewählt werden, wobei $k_0(.|v')$ rotationssymmetrisch ist. (Überzeugen Sie sich, daß in diesem Fall gilt $\int_{\mathrm{IR}^3} vk(v|v')dv = v'$.) Ist nun $\tilde{v}$ eine nach a) erzeugte gemäß $k_0(.|v')$ verteilte Geschwindigkeit, so ist $v = \tilde{v} + v'$ verteilt gemäß $k(.|v')$.

c) Eine exponierte Stellung im Bereich der kinetischen Gleichungen nehmen Maxwell-Verteilungen

$$M(v) = \frac{1}{(2\pi T)^{3/2}} \exp(-(v - \bar{v})^2/2T) \tag{3.94}$$

ein. Da diese bezüglich der Geschwindigkeitskomponenten faktorisieren, kann die Erzeugung Maxwell-verteilter ZVa zurückgeführt werden auf die Erzeugung skalarer Zufallsvariabler, welche gemäß der Dichte

$$f(x) = \frac{1}{2\pi} \exp(-x^2/2) \tag{3.95}$$

verteilt sind. Ein Algorithmus hierfür ist durch die Box-Muller-Methode gegeben (s. [65]). Sie besteht aus der Erzeugung stochastisch unabhängiger Zahlenpaare (x, y), deren Komponenten wie oben verteilt sind. Die gemeinsame Verteilung ist gegeben durch das Produkt

$$f(x,y) = \frac{1}{2\pi} \exp(-x^2/2) \cdot \frac{1}{2\pi} \exp(-y^2/2) = \frac{1}{2\pi} \exp(-(x^2 + y^2)/2). \qquad (3.96)$$

Transformation auf Polarkoordinaten mit Hilfe der Formeln

$$x = r\cos\phi, \quad y = r\sin\phi \qquad (3.97)$$

führt auf die gemeinsame Verteilung für (r, ϕ)

$$\left(r \cdot \exp(-r^2/2)dr\right) \cdot \left(\frac{1}{2\pi}d\phi\right). \qquad (3.98)$$

Zufallspaare mit dieser Verteilung können leicht konstruiert werden: Wähle ϕ gleichverteilt auf $[0, 2\pi)$; die Verteilungsfunktion zu $r\exp(-r^2/2)$ ist $F(r) = \exp(-r^2/2)$; bestimme r nach Lemma 3.28. mit Hilfe einer auf $[0, 1)$ gleichverteilten ZVa η durch die Transformation

$$r := F^{-1}(\eta) = \sqrt{2|\ln\eta|}. \qquad (3.99)$$

Das gewünschte Zahlenpaar (x, y) erhält man nun durch Rücktransformation.

Kapitel 4

Stochastische Teilchensysteme zur Lösung der Boltzmann-Gleichung

Wie in Kapitel 3 gezeigt wurde, können Lösungen linearer kinetischer Gleichungen durch Realisierungen eines stochastischen Prozesses numerisch approximiert werden. Hierzu gibt es ein Gegenstück für die nichtlineare Boltzmann-Gleichung. Dies soll im folgenden Kapitel eingeführt und diskutiert werden. Zur Motivation des Einsatzes stochastischer Methoden als numerische Verfahren verweisen wir auf die Komplexität der Boltzmann-Gleichung: Beim Einsatz eines klassischen Diskretisierungsverfahrens zur numerischen Lösung des vollen Anfangswertproblems muß in jedem Zeitschritt in jedem Punkt des (diskretisierten) sechsdimensionalen Phasenraums ein fünfdimensionales Integral gelöst werden – ein Aufwand, welcher trotz der rasanten Entwicklung der Computertechnologie auch heute noch selbst modernste Supercomputer überfordert.

Einen Ausweg bieten in dieser Situation stochastische Integrationsmethoden. Pionier in der stochastischen Lösung der Boltzmann-Gleichung ist G.A. Bird. Sein um 1970 entwickelter, in [21] beschriebener Code wird heute in einer Vielzahl von Anwendungen benutzt. (Eine modifizierte Variante ist in [23] beschrieben.) Der Anspruch von Bird ist allerdings nicht die numerische Lösung der Boltzmann-Gleichung, sondern die Simulation großer Teilchensysteme zur Erzeugung statistischer Ergebnisse, aus welchen sich Rückschlüsse auf reale Gase ziehen lassen (vgl. [22]). Einen unmittelbareren Bezug zur Boltzmann-Gleichung läßt das 1980 von K. Nanbu vorgeschlagene Verfahren [62] mit der in [4] vorgestellten effizienzsteigernden Modifikation erkennen (vgl. auch den Übersichtsvortrag [63]). Mittlerweile sind sowohl das Verfahren von Nanbu als auch das Verfahren von Bird als mathematisch fundierte Verfahren zur Lösung der Boltzmann-Gleichung verstanden (s. [7, 13, 73]).

Das folgende Kapitel gibt eine Einführung in die stochastische Simulation der Boltzmann-Gleichung. Einige Bemerkungen zur stochastischen Integration aus der Sicht der Komplexitätstheorie im folgenden Abschnitt leiten in die Problemstellung ein.

4.1   Stochastische Integrationsverfahren

4.1.1   Stochastische Integration und Komplexität

Wir betrachten das Problem der numerischen Auswertung eines Integrals

$$I[f] := \int_{[0,1]^s} f(x)d^s x \tag{4.1}$$

einer Lebesgue-integrierbaren Funktion $f : [0,1]^s \to \mathbb{R}$. Ist f hinreichend regulär und s nicht zu groß, so wird man versuchen, ein solches Integral mit Hilfe eines regulären Gitters zu approximieren.

Nehmen wir an, $I[f]$ soll durch Berechnung und Aufsummierung von $N = n^s$ Funktionswerten von f approximiert werden:

$$I[f] \approx \frac{1}{N} \sum_{i=1}^{N} f(x_i) =: I_N[f]. \tag{4.2}$$

Nehmen wir weiter an, daß die Punkte x_i die Mittelpunkte der gleichförmigen Zerlegung des Integrationsgebietes in Würfel der Kantenlänge $h := 1/n$ sind. Ist f Lipschitz-stetig, so überlegt man sich leicht, daß

$$|I_N[f] - I[f]| = \mathcal{O}(h^{-s} \cdot h^{s+1}) = \mathcal{O}(N^{-1/s}). \tag{4.3}$$

Diese Formel zeigt für große Dimension s ein ungünstiges Verhältnis des zu erwartenden Fehlers zum Rechenaufwand, repräsentiert durch die Größe N.

Vergleichen wir hiermit ein einfaches stochastisches Integrationsverfahren. In diesem Fall seien die Knoten x_i unabhängige gleichverteilte Zufallsvariable auf $[0,1]^s$. Nach elementaren Regeln der Wahrscheinlichkeitstheorie ist der Erwartungswert $\mathcal{E}[f(x_i)]$ gegeben durch

$$\mathcal{E}[f] := \int_{[0,1]^s} f(x)dx \qquad (4.4)$$

und die Varianz $\sigma[f(x_i)]$ durch

$$\sigma[f] := \int_{[0,1]^s} f^2(x)dx - (\mathcal{E}[f])^2 . \qquad (4.5)$$

Aus dem Gesetz der starken großen Zahl folgt, daß

$$\lim_{N\to\infty} \frac{1}{N} \sum_{i=1}^{N} f(x_i) = \int_{[0,1]^s} f(x)dx. \qquad (4.6)$$

Nach dem zentralen Grenzwertsatz konvergiert der Fehler bei geeigneter Skalierung in der Verteilung gegen eine Normalverteilung:

$$\frac{1}{\sqrt{N}} \left(\sum_{i=1}^{N} f(x_i) - \int_{[0,1]^s} f(x)dx \right) \Longrightarrow \mathcal{N}(0,\sigma[f]), \qquad (4.7)$$

wobei $\mathcal{N}(m,s)$ die Normalverteilung mit Mittelwert m und Varianz s beschreibt. Insbesondere ist also der Fehler von der Ordnung $\mathcal{O}(N^{-1/2})$.

Wir fassen zusammen:

4.1 Bemerkung: a) Für Lipschitz-stetige Funktionen $f : [0,1]^s \to \mathbb{R}$ ergibt die Quadraturformel zur gleichmäßigen Diskretisierung mit konstanten Gewichten einen Fehler der Ordnung $\mathcal{O}(N^{1/s})$.

b) Sind x_i, $i = 1,\ldots,N$ unabhängige und auf $[0,1]^s$ gleichverteilte Zufallsvariablen und ist f quadratintegrabel, so ist

$$\frac{1}{N} \sum_{i=1}^{N} f(x_i) \qquad (4.8)$$

eine Approximation von $\mathcal{E}[f]$, und der Fehler ist von der Ordnung $\mathcal{O}(N^{-1/2})$.

Das Ergebnis deutet an, daß für hochdimensionale Integrationsprobleme stochastische Verfahren klassischen Diskretisierungsverfahren überlegen sein sollten. Insbesondere bemerken wir, daß für das stochastische Verfahren die Regularitätsanforderungen wesentlich geringer sind als für klassische Diskretisierungsstrategien.

Einen Zusammenhang zwischen Regularität des Integranden, Dimension s des Einheitswürfels und dem Fehler eines optimalen Diskretisierungsverfahrens stellt ein Satz der Komplexitätstheorie her, welcher z. B. in [60] dargestellt ist. Ohne auf technische Einzelheiten dieses Ergebnisses einzugehen, wollen wir als "Faustregel" hieraus bemerken, daß für s-dimensionale Integrale r-mal differenzierbarer Funktionen mit einem Approximationsfehler der Ordnung $\mathcal{O}(N^{-r/s})$ zu rechnen ist. Für stochastische Verfahren ist der Fehler dagegen unabhängig von Regularität und Dimension von der Ordnung $\mathcal{O}(N^{-1/2})$.

Im Falle der Integration der Boltzmann-Gleichung müssen in jedem Zeitschritt in jedem Punkt des sechsdimensionalen Phasenraums fünfdimensionale Integrale berechnet werden. Der Integrand setzt sich zusammen als Produkt L^1-integrierbarer Funktionen, über deren Regularität i.a. nichts bekannt ist. Dies motiviert die Verwendung stochastischer Methoden zur numerischen Approximation der Boltzmann-Gleichung.

4.1.2 Stochastische Integration von Produktmaßen

Wir betrachten zunächst numerische Quadraturformeln der Form

$$\frac{1}{N} \sum_{i=1}^{N} \Phi(\omega_i), \quad \omega_i \in \Omega \tag{4.9}$$

für Integrale der Form

$$I[\Phi, f(\omega)d\omega] = \int_{\Omega} \Phi(\omega)f(\omega)d\omega. \tag{4.10}$$

Hierbei sei $\Omega \subset \mathbb{R}^s$ eine Borelmenge, $f(\omega)d\omega$ ein Lebesgue-Wahrscheinlichkeitsmaß auf Ω (d.h. f nichtnegativ und Lebesgue-integrierbar mit $\int_{\Omega} fd\omega = 1$) und $\Phi \in L^{\infty}(\Omega)$ (d.h. Lebesgue-meßbar und beschränkt). Damit ist das Integral $I[\Phi, fd\omega]$ wohldefiniert und endlich.

Wir führen das diskrete Maß bezüglich des Vektors $\omega := (\omega_1, \ldots, \omega_N)$

$$\mu^N = \mu^N[\omega] := \frac{1}{N} \sum_{i=1}^{N} \delta_{\omega_i} \tag{4.11}$$

ein und interpretieren die Quadraturformel als Integral dieses Maßes:

$$\frac{1}{N} \sum_{i=1}^{N} \Phi(\omega_i) = \frac{1}{N} \sum_{i=1}^{N} \int_{\Omega} \Phi d\delta_{\omega_i} = \int_{\Omega} \Phi d\mu^N = I[\Phi, d\mu^N]. \tag{4.12}$$

4.2 Definition *(Schwache Konvergenz)*: Es sei $M^N(\Omega)$ die Menge der diskreten Maße auf Ω der Form $1/N \sum_{i=1}^{N} \delta_{\omega_i}$. Eine Folge $(\mu^N)_{N=N_0}^{\infty}$ von Maßen $\mu^N \in M^N(\Omega)$ heißt *schwach konvergent* gegen $fd\omega$ (Schreibweise: $\mu^N \to_w \mu$), falls für beliebige beschränkte stetige Φ gilt:

$$\lim_{N \to \infty} I[\Phi, \mu^N] = I[\Phi, fd\mu]. \tag{4.13}$$

Abkürzend identifizieren wir in diesem Fall die Maße μ^N mit den zugehörigen Vektoren $\omega^N = (\omega_1^N, \ldots, \omega_N^N)$ und schreiben

$$\omega^N \longrightarrow fd\mu. \tag{4.14}$$

4.3 Beispiele: a) Es sei $\{\omega_i^N, N \in \mathbb{N}, i = 1 \ldots N\}$ eine Menge unabhängiger, gemäß $fd\omega$ verteilter Zufallsvariablen auf Ω, sowie $\omega^N := (\omega_1^N, \ldots, \omega_1^N)$. Dann gilt fast sicher

$$\omega^N \longrightarrow fd\omega. \tag{4.15}$$

Ein Beweis, welcher auf dem Borel-Cantelli-Lemma beruht, befindet sich beispielsweise in [7].

b) Das Oberflächenmaß $d\eta$ auf der Einheitskugel S^2 läßt sich mit $\eta = (\sin\theta\cos\phi, \sin\theta\sin\phi, \cos\theta)^T$, $(\theta, \phi) \in [0, \pi] \times [0, 2\pi]$ parametrisieren als

$$d\eta = \sin\theta d\theta d\phi. \tag{4.16}$$

Wir bezeichnen eine Folge von Einheitsvektoren $\eta^N \in S^2$ als (schwach) konvergent gegen $d\mu$ (Schreibweise: $\eta^N \to d\eta$), wenn für die (fast) eindeutig bestimmte zugehörige Folge von Winkeln (θ^N, ϕ^N) im Sinne obiger Definition gilt:

$$(\theta^N, \phi^N)_{N=N_0}^{\infty} \longrightarrow \sin\theta \, d\theta \, d\phi. \tag{4.17}$$

Unser nächstes Ziel ist die stochastische Integration von Produktmaßen $f(\omega)d\omega g(\tilde{\omega})d\tilde{\omega}$, wobei $fd\omega$ und $gd\tilde{\omega}$ Lebesgue-Wahrscheinlichkeitsmaße auf Borelmengen $\Omega \subset \mathbb{R}^r$ und $\tilde{\Omega} \subset \mathbb{R}^s$ seien. Analog zu obiger Schreibweise sei

$$I[\Phi, fd\omega gd\tilde{\omega}] = \int_{\tilde{\Omega}} \int_{\Omega} \Phi(\omega, \tilde{\omega}) f(\omega)d\omega g(\tilde{\omega})d\tilde{\omega}. \tag{4.18}$$

Sind $\mu^N \in M^N(\Omega)$ und $\nu^N \in M^N(\tilde{\Omega})$ diskrete Maße mit assoziierten Vektoren $\omega^N = (\omega_1^N, \ldots, \omega_N^N)$ und $\tilde{\omega}^N = (\tilde{\omega}_1^N, \ldots, \tilde{\omega}_N^N)$, so ist das Produktmaß $\mu^N \times \nu^N$ definiert als das diskrete Maß in $M^{N^2}(\Omega \times \tilde{\Omega})$ zu dem Punktefeld $(\omega_i^N, \tilde{\omega}_j^N)_{i,j=1,\ldots,N}$:

$$\mu^N \times \nu^N = \frac{1}{N^2} \sum_{i,j=1}^{N} \delta_{(\omega_i^N, \tilde{\omega}_j^N)} = \frac{1}{N^2} \sum_{i,j=1}^{N} \delta_{\omega_i^N} \delta_{\tilde{\omega}_j^N}. \tag{4.19}$$

Ein Ergebnis der klassischen Maßtheorie (vgl. [19, Thm. 3.2]) ist

4.4 Lemma: Aus $\omega^N \to fd\omega$ und $\tilde{\omega}^N \to gd\tilde{\omega}$ folgt

$$\mu^N \times \nu^N \longrightarrow_w f(\omega)d\omega g(\tilde{\omega})d\tilde{\omega}. \tag{4.20}$$

4.5 Folgerung: Sind durch $(\omega_1^N, \ldots, \omega_N^N)$ und $(\tilde{\omega}_N^1, \ldots, \tilde{\omega}_N^N)$ Quadraturformeln für $fd\omega$ und $gd\tilde{\omega}$ gegeben, so erhält man durch die N^2 Knoten $(\omega_i, \tilde{\omega}_j)$ auf natürliche Weise eine Quadraturformel für $fd\omega gd\tilde{\omega}$.

4.1.3   N-Punkt-Approximationen von Produktmaßen

Werden $fd\omega$ und $gd\tilde{\omega}$ durch N Knoten approximiert, so werden für das in Lemma 4.4 beschriebene Verfahren für $fd\omega gd\tilde{\omega}$ schon N^2 Knoten benötigt. Wird ein solches Schema gewählt als Grundlage zur Numerik eines Evolutionsproblems (wie das in Abschnitt 4.2 der Fall sein wird für die homogene Boltzmann-Gleichung), so wird sich der

Rechenaufwand mit jedem Zeitschritt aufblähen, und das Verfahren wird nach wenigen Schritten nicht mehr auswertbar sein.

Hieraus folgt: Das obige Verfahren muß so modifiziert werden, daß eine Auswertung des Produktmaßes ebenfalls mit N Knoten gewährleistet ist. Eine Möglichkeit hierfür geht aus dem folgenden Lemma hervor.

4.6 Lemma *(Stochastische Approximation von Produktmaßen)*: Durch

$\omega^N = (\omega_1^N, \ldots, \omega_N^N)$ und $\tilde{\omega}^N = (\tilde{\omega}_1^N, \ldots, \tilde{\omega}_N^N)$ seien für $N \geq N_0$ Quadraturformeln für $f d\omega$ und $g d\tilde{\omega}$ gegeben. Ferner seien für $N \geq N_0$ und $1 \leq i \leq N$ unabhängige gleichverteilte Zufallsvariable Z_i^N auf $\{1, \ldots, N\}$ gegeben. Das zum Vektor $((\omega_1^N, \tilde{\omega}_{Z_1^N}^N), \ldots, (\omega_N^N, \tilde{\omega}_{Z_N^N}^N))$ gehörige Maß aus $M^N(\Omega \times \tilde{\Omega})$ bezeichnen wir mit $(\mu \times \nu)^N$. Dann gilt fast sicher

$$(\mu \times \nu)^N \longrightarrow_w f d\omega g d\tilde{\omega}. \tag{4.21}$$

(Ein Beweis ist z.B. in [7] zu finden.)

4.7 Folgerungen: a) Unter den Voraussetzungen des Lemmas ist eine N-Punkt-Approximation des Integrals

$$\int_\Omega \int_\Omega \Phi(\omega, \tilde{\omega}) f(\omega) d\omega g(\tilde{\omega}) d\tilde{\omega} \tag{4.22}$$

für L^∞-Funktionen Φ gegeben durch die Summe

$$\frac{1}{N} \sum_{i=1}^N \Phi(\omega_i^N, \tilde{\omega}_{Z_i^N}). \tag{4.23}$$

b) Da die schwache Konvergenz von Maßen unter stetigen Transformationen erhalten bleibt (s. [19, Thm. 5.1]), ist für stetige T auch

$$\sum_{i=1}^N \Phi \circ T(\omega_i^N, \tilde{\omega}_{Z_i^N}) \tag{4.24}$$

eine N-Punkt-Approximation von

$$\int_\Omega \int_\Omega \Phi \circ T(\omega, \tilde{\omega}) f(\omega) d\omega g(\tilde{\omega}) d\tilde{\omega}. \tag{4.25}$$

Das Lemma legt folgenden Algorithmus zur Produktintegration nahe.

4.8 Algorithmus *(zur Berechnung von $\int_{\tilde{\Omega}} \int_{\Omega} \Phi(\omega, \tilde{\omega}) f(\omega) d\omega g(\tilde{\omega}) d\tilde{\omega}$):*

$\omega_1, \ldots, \omega_N$ und $\tilde{\omega}_1, \ldots, \tilde{\omega}_N$ seien Knoten zur numerischen Approximation von $f d\omega$ und $g d\tilde{\omega}$.

a) Wähle N unabhängige auf $[0, 1]$ gleichverteilte Zufallsvariable r_i.

b) Definiere $Z_i := \mathrm{TRUNC}(N * r_i) + 1$, wobei $\mathrm{TRUNC}(z)$ die größte ganze Zahl kleiner als z ist.

c) Definiere

$$I[\Phi, f d\omega g d\tilde{\omega}]_{appr} := \frac{1}{N} \sum_{i=1}^{N} \Phi(\omega_i, \tilde{\omega}_{Z_i}). \tag{4.26}$$

Dann ist $I[\Phi, f d\omega g d\tilde{\omega}]_{appr}$ eine N-Knoten-Näherung des Integrals $\int_{\tilde{\Omega}} \int_{\Omega} \Phi(\omega, \tilde{\omega}) f(\omega) d\omega g(\tilde{\omega}) d\tilde{\omega}$.

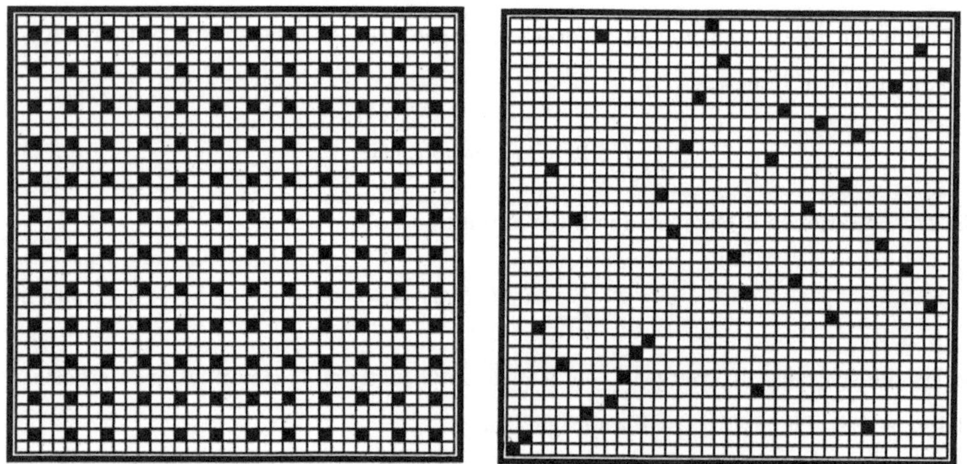

Abbildung 4.1: Diskrete Approximation der Gleichverteilung

a) regelmäßig, b) stochastisch

In Abb. 4.1 a) ist die Gleichverteilung auf dem Einheitsquadrat approximiert durch ein regelmäßiges $N \times N$-Gitter, N=36. Abb. 4.1 b) approximiert dasselbe Maß durch eine

Menge $(\omega_i, \omega_{n(i)})$, $i = 1 \ldots N$, mit ZVa $n(i)$ auf $\{1 \ldots N\}$.

4.9 Bemerkung: Auf naheliegende Weise lassen sich die oben aufgeführten Argumente erweitern auf Produktmaße, welche aus mehr als zwei Faktoren bestehen. Sind z. B. $\omega^N = (\omega_1^N, \ldots, \omega_N^N)$, $\tilde{\omega}^N = (\tilde{\omega}_1^N, \ldots, \tilde{\omega}_N^N)$ und $\bar{\omega}^N = (\bar{\omega}_1^N, \ldots, \bar{\omega}_N^N)$ Quadraturformeln für $f d\omega$, $g d\tilde{\omega}$ und $h d\bar{\omega}$, und ist Z_i^N für $1 \leq i \leq 2N$ eine Folge unabhängiger Zufallsvariabler auf $\{1, \ldots, N\}$, so beschreibt der Vektor

$$((\omega_i^N, \tilde{\omega}_{Z_{2i-1}^N}, \bar{\omega}_{Z_{2i}^N})_{i=1}^N \tag{4.27}$$

eine N-Punkt-Approximation des Produktmaßes $f d\omega g d\tilde{\omega} h d\bar{\omega}$.

4.2 Stochastische Lösung der homogenen Boltzmann-Gleichung

Wir wollen nun ein stochastisches Verfahren zur numerischen Integration der räumlich homogenen Boltzmann-Gleichung

$$\frac{\partial}{\partial t} f = J(f, f) \tag{4.28}$$

entwerfen. Hierbei folgen wir der in [7] beschriebenen Darstellung.

4.2.1 VHS-Modelle

Wir beschränken uns im folgenden auf die numerische Simulation von VHS-Modellen (vgl. Abschnitt 1.5.4). Diese sind die für Anwendungsprobleme relevanten Modelle, da der Integralkern des Stoßoperators auf eine Winkel-unabhängige Variante transformiert werden kann. Betrachten wir die η-Integration des Gewinnterms von VHS-Modellen etwas genauer. Zu diesem Zweck legen wir für feste v, $w \in \mathbb{R}^3$ unser Koordinatensystem so, daß

$$v - w = (0, 0, |v - w|)^T. \tag{4.29}$$

Mit $\eta = (\sin\theta\cos\phi, \sin\theta\sin\phi, \cos\theta)^T$ und dem Ansatz für $k(.,.)$,

$$k(v - w, \eta) = \sigma(|v - w|) \cdot |\cos\theta| \tag{4.30}$$

(vgl. (1.92)) folgt

$$
\begin{aligned}
\int_{S^2} k(v - w, \eta) f(v') f(w') d\eta &= \sigma(|v - w|) \int_0^{2\pi} \int_0^{\pi} f(v') f(w') \cos\theta \sin\theta d\theta d\phi \\
&= 2\sigma(|v - w|) \int_0^{2\pi} \int_0^{\pi/2} f(v') f(w') \cos\theta \sin\theta d\theta d\phi \\
&= \frac{1}{2}\sigma(|v - w|) \int_0^{2\pi} \int_0^{\pi} f(v') f(w') \sin\psi d\psi d\phi \\
&= \frac{1}{2}\sigma(|v - w|) \int_{S^2} f(v') f(w') d\eta' \tag{4.31}
\end{aligned}
$$

(vgl. Satz 1.12 a): $T_\eta = T_{-\eta}$) mit $\psi = 2\theta$ und $\eta' = (\sin\psi\cos\phi, \sin\psi\sin\phi, \cos\psi)^T$. Damit wird das Integral mit einem winkelabhängigen Integralkern transformiert in eines mit winkelunabhängigem Kern. Wie in Aufgabe 1.23 gezeigt wurde, ist

$$v' = \frac{1}{2}(v + w) - \frac{1}{2}|v - w| \cdot \eta', \quad w' = \frac{1}{2}(v + w) + \frac{1}{2}|v - w| \cdot \eta'. \tag{4.32}$$

Man überlegt sich nun leicht, daß die Integraldarstellung (4.31) mit den Geschwindigkeiten v' und w' aus (4.32) richtig bleibt unter beliebigen orthogonalen Transformationen von η'. Insbesondere ist die in den Abschnitten 1.4.2 und 1.5.3 beschriebene (v, w)-abhängige Koordinatentransformation nicht nötig. Dies ist ein für die praktische Durchführung numerischer Verfahren äußerst wichtiger Aspekt, welcher durch die spezielle Form der η-Abhängigkeit in (4.31) erreicht wurde.

4.2.2 Euler-Diskretisierung

Startpunkt zur Konstruktion eines stochastischen numerischen Verfahrens ist die Euler-Diskretisierung der homogenen Boltzmann-Gleichung: Beschreibt f_i eine Approximation zur Zeit $t_i = i \cdot \Delta t$, so ist eine Näherung zur Zeit t_{i+1} gegeben durch

$$f_{i+1} = f_i + \Delta t \cdot J(f_i, f_i), \tag{4.33}$$

also für VHS-Modelle durch

$$
\begin{aligned}
f_{i+1}(v) &= \left(1 - \Delta t \cdot \int_{S^2} |\cos\theta| d\eta \cdot \int_{\mathrm{I\!R}^3} \sigma(|v-w|) f_i(w) d^3w\right) \cdot f_i(v) \\
&+ \Delta t \cdot \int_{\mathrm{I\!R}^3} \sigma(|v-w|) \int_{S^2} f_i(v') f_i(w') d\eta' d^3w \\
&= \left(1 - \frac{\Delta t}{2} \cdot \int_{S^2} d\eta' \cdot \int_{\mathrm{I\!R}^3} \sigma(|v-w|) f_i(w) d^3w\right) \cdot f_i(v) \\
&+ \frac{\Delta t}{2} \cdot \int_{\mathrm{I\!R}^3} \sigma(|v-w|) \int_{S^2} f_i(v') f_i(w') d\eta' d^3w.
\end{aligned}
\tag{4.34}
$$

Physikalisch sinnvoll ist f_i nur als nichtnegative integrierbare Funktion. Wir setzen o.B.d.A. fest: $\|f_i\|_1 = 1$. Die folgende Aussage ist Inhalt der Aufgabe 4.11.

4.10 Lemma: Es sei $f_i \geq 0$ und $\|f_i\|_1 = 1$. Unter den Voraussetzungen

1. $0 \leq \sigma(u) \leq \bar\sigma < \infty$ für beliebige $u \in \mathrm{I\!R}^3$

2. $\Delta t \leq 2/\bar\sigma$

ist die Funktion $f_{i+1} \in L^1(\mathrm{I\!R}^3)$ durch die Gleichung (4.34) wohldefiniert, und es ist auch $f_{i+1} \geq 0$ und $\|f_{i+1}\|_1 = 1$.

4.11 Aufgabe: Beweisen Sie die Aussage von Lemma 4.10.

Für beschränkte Stoßkerne kann leicht eine Abschätzung des Fehlers beim Übergang von der homogenen Boltzmann-Gleichung zu ihrer Euler-Diskretisierung hergeleitet werden.

4.12 Aufgabe *(Diskretisierungsfehler)*: Übernehmen Sie Methoden der klassischen Numerik für gewöhnliche Differentialgleichungssysteme, um unter den Voraussetzungen von Lemma 4.10 eine Abschätzung zu finden für den Diskretisierungsfehler

$$
e_i := \|f_i - f(i \cdot \Delta t)\|_1.
\tag{4.35}
$$

Hilfreich für die Konstruktion eines stochastischen Verfahrens ist die schwache Formulierung von Gleichung (4.34). Hierzu multiplizieren wir die Gleichung mit einer

Funktion Φ des Dualraums $L^\infty(\mathbb{R}^3)$ von $L^1(\mathbb{R}^3)$ und integrieren. Durch geeignete Manipulationen erhalten wir mit $\langle \Phi, f \rangle := \int_{\mathbb{R}^3} \Phi(v) f(v) d^3 v$

4.13 Satz *(Lösungen des diskretisierten Gleichungssystems)*: Die Voraussetzungen von Lemma 4.10 seien erfüllt.

a) *Schwache Formulierung*: Erfüllt $f_{i+1} \in L^1(\mathbb{R}^3)$ die Gleichung (4.34), so gilt für beliebige $\Phi \in L^\infty(\mathbb{R}^3)$

$$\langle \Phi, f_{i+1} \rangle = \int_{\mathbb{R}^3} \int_{\mathbb{R}^3} \int_{S^2} \int_0^1 \Phi(K(v|w,\eta',r)) dr d\eta' f_i(v) d^3 v f_i(w) d^3 w, \qquad (4.36)$$

wobei $K(.|.,.,.)$ definiert ist durch

$$K(v|w,\eta',r) = \begin{cases} \frac{1}{2}((v+w) - |v-w| \cdot \eta') & \text{falls } r \leq \frac{\Delta t}{2} \cdot \sigma(|v-w|) \\ v & \text{sonst .} \end{cases} \qquad (4.37)$$

b) *Existenz und Eindeutigkeit schwacher Lösungen*: Es existiert genau eine Lösung $f_{i+1} \in L^1(\mathbb{R}^3)$ der Gleichungen (4.34).

Beweis: Zu a) Betrachten wir zunächst den Gewinnterm des Stoßoperators. Aus Satz 1.15 folgt $|v-w| = |v'-w'|$ sowie die Integral-Transformationsregel $d^3 v d^3 w = d^3 v' d^3 w'$. Mit $T_\eta^2(v,w) = (v,w)$ folgt

$$\Delta t \cdot \int_{\mathbb{R}^3} \int_{\mathbb{R}^3} \sigma(|v-w|) |\cos\theta| \Phi(v) f(v') f(w') d\eta d^3 v d^3 w \qquad (4.38)$$

$$= \int_{\mathbb{R}^3} \int_{\mathbb{R}^3} \int_{S^2} \frac{\Delta t}{2} \sigma(|v'-w'|) \Phi(v) d\eta' f(v') d^3 v' f(w') d^3 w'$$

$$= \int_{\mathbb{R}^3} \int_{\mathbb{R}^3} \int_{S^2} \int_0^{\Delta t/2 \cdot \sigma(|v-w|)} \Phi(v') dr d\eta' f(v) d^3 v f(w) d^3 w$$

$$= \int_{\mathbb{R}^3} \int_{\mathbb{R}^3} \int_{S^2} \int_0^{\Delta t/2 \cdot \sigma(|v-w|)} \Phi(K(v|w,\eta',r)) dr d\eta' f(v) d^3 v f(w) d^3 w.$$

Für den Verlustterm erhalten wir

$$\int_{\mathbb{R}^3} \Phi(v) \left(1 - \frac{\Delta t}{2} \int_{\mathbb{R}^3} \sigma(|v-w|) \int_{S^2} d\eta' f(w) d^3 w \right) f(v) d^3 v \qquad (4.39)$$

$$= \int_{\mathbb{R}^3} \int_{\mathbb{R}^3} \int_{S^2} \int_{\Delta t/2 \cdot \sigma(|v-w|)}^1 \Phi(K(v|w,\eta',r)) dr d\eta' f(v) d^3 v f(w) d^3 w.$$

Zu b) Die Existenz einer Lösung ist nach a) durch die Funktion f_{i+1} aus Lemma 4.10 gegeben. Die Eindeutigkeit folgt aus der Tatsache, daß Elemente eines Banachraums durch ihre Wirkung auf den Dualraum eindeutig bestimmt werden. Gilt also für zwei Funktionen $f_{i+1}, g_{i+1} \in L^1(\mathrm{IR}^3)$ die Beziehung

$$\langle \Phi, f_{i+1} \rangle = \langle \Phi, g_{i+1} \rangle \quad \text{für beliebige } \Phi \in L^\infty(\mathrm{IR}^3), \tag{4.40}$$

so folgt $f_{i+1} = g_{i+1}$. $\square$

4.14 Folgerung: Die Berechnung der Gleichung (4.34) ist äquivalent zur Lösung des Systems (4.36).

4.2.3 Ein stochastischer Algorithmus

Wir wollen nun versuchen, das zeitdiskretisierte System des vorangehenden Abschnitts für festes Δt unter den Voraussetzungen von Lemma 4.10 zu lösen. Zu einer gegebenen Wahrscheinlichkeitsdichte f_0 auf IR^3 als Anfangsbedingung ist dieses System rekursiv definiert durch

$$\langle \Phi, f_{i+1} \rangle = \int_{\mathrm{IR}^3} \int_{\mathrm{IR}^3} \int_{S^2} \int_0^1 \Phi(K(v|w, \eta', r)) dr d\eta' f_i(v) d^3v f_i(w) d^3w \tag{4.41}$$

für beliebige $\Phi \in L^\infty(\mathrm{IR}^3)$. Ausgehend von einer Folge von Vektoren $v^N(0) = (v_k^N(0), k = 1, \ldots, N)$ mit

$$v^N(0) \longrightarrow f_0 d^3v \tag{4.42}$$

sollen hierzu Vektoren $v^N(i) = (v_k^N(i), k = 1, \ldots, N)$, $i = 1, 2, 3, \ldots$ konstruiert werden, für die gilt

$$v^N(i) \longrightarrow f_i d^3v. \tag{4.43}$$

Die Vorgehensweise ist wie folgt: Ausgehend von einer N-Punkt-Approximation $v^N(i)$ werden wir wie in Abschnitt 4.1.3 beschrieben eine N-Punkt-Approximation $(r, \eta, v, w)^N(0) = (r_i, \eta_i, v_i, w_i)_{i=1}^N$ des Produktmaßes $dr d\eta' f(v) d^3v f(w) d^3w$ konstruieren. Dies liefert eine Näherung

$$\frac{1}{N} \sum_{i=1}^N \Phi(K(v_i|w_i, \eta_i, r_i)) =: \frac{1}{N} \sum_{i=1}^N \Phi(v_i') \tag{4.44}$$

zu

$$\int_{\mathrm{IR}^3} \int_{\mathrm{IR}^3} \int_{S^2} \int_0^1 \Phi(K(v|w,\eta,r))\, dr\, d\eta\, f(v)\, dv\, f(w)\, dw. \tag{4.45}$$

Anschließend wählen wir $v_i(1) := v_i' = K(v_i|w_i,\eta_i,r_i)$. Damit ist $(v_i(1))_{i=1}^N$ eine Approximation von $f_1(v)d^3v$.

Im folgenden seien Z_i^N unabhängige, auf $\{1,\ldots,N\}$ gleichverteilte Zufallsvariable. Nach Lemma 4.6 folgt aus

$$v_i^N(0) \longrightarrow_w f_0(v)d^3v, \tag{4.46}$$

daß fast sicher gilt

$$(v_i^N, v_{Z_i^N}^N) \to f(v)dv\, f(w)dw. \tag{4.47}$$

Hierdurch ergibt sich der folgende Algorithmus zur stochastischen Simulation der homogenen Boltzmann-Gleichung.

4.15 Algorithmus *(zur Simulation der homogenen Boltzmann-Gleichung)*:

1. Wähle N stochastisch unabhängige, gemäß der Anfangsbedingung f_0 verteilte Zufallsvariablen $V_i(0)$;

2. gegeben seien die Geschwindigkeiten $V_i(k)$; zur Berechnung der $V_i(k+1)$ führe die folgenden Schritte durch:

   (a) für $i = 1 \ldots N$ wähle gleichverteilte Zufallsvariable $n(i)$ auf $\{1 \ldots N\}$;

   (b) wähle stochastisch unabhängige, auf $[0,1]$ gleichverteilte Zufallsvariable r_i;

   (c) wähle stochastisch unabhängige, auf S^2 gleichverteilte Einheitsvektoren η_i (vgl. Beispiel 3.30 a));

   (d) definiere

$$V_i(k+1) := K(V_i(k)|V_{n(i)}(k),\eta_i,r_i). \tag{4.48}$$

Eine Konvergenzaussage für obigen Algorithmus folgt leicht aus den Vorbereitungen der vorhergehenden Abschnitte.

4.16 Satz (*Konvergenz des Verfahrens*): Es sei $\mu^N(k)$ das durch die Geschwindigkeiten $V_i(k)$ definierte diskrete Maß:

$$\mu^N(k) = \frac{1}{N} \sum_{i=1}^{N} \delta_{V_i(k)}. \qquad (4.49)$$

Wie in Abschnitt 4.1.2 identifizieren wir $(V_i(k))_{i=1}^{N}$ mit $\mu^N(k)$. Dann gilt für $N \to \infty$ und $k = 0, 1, 2, \ldots$

$$(V_i(k))_{i=1}^{N} \longrightarrow_w f_k(v)d^3v. \qquad (4.50)$$

Beweisskizze: Es seien $V_i^N(k), i = 1 \ldots N$, die im N-Teilchenverfahren erzeugten Geschwindigkeiten im k-ten Zeitschritt. Nach dem starken Gesetz der großen Zahl konvergiert $(V_i^N(0))_{i=1}^{N}$ schwach gegen die Anfangsverteilung $f_0(v)d^3v$. Es gelte

$$(V_i^N(k))_{i=1}^{N} \longrightarrow_w f_k(v)d^3v. \qquad (4.51)$$

Nach Konstruktion der ZVa $n(i)$, r_i und η_i konvergiert nach den Ergebnissen von Abschnitt 4.1.3 das N-Tupel

$$(r_i, \eta_i, V_i^N(k), V_{n(i)}^N(k))_{i=1}^{N} \qquad (4.52)$$

schwach gegen das Produktmaß

$$drd\eta f_k(v)d^3v f_k(w)d^3w. \qquad (4.53)$$

Für Testfunktionen $\Phi \in L^\infty(\mathbb{R}^3) \cap C(\mathbb{R}^3)$ folgt hieraus, daß

$$\langle \Phi, \mu^N(k+1) \rangle = \frac{1}{N} \sum_{i=1}^{N} \Phi(K(V_i^N(k)|V_{n(i)}^N(k), \eta_i, r_i) \qquad (4.54)$$

$$\longrightarrow \int_{\mathbb{R}^3} \int_{\mathbb{R}^3} \int_{S^2} \int_0^1 \Phi(K(v|w, \eta', r))drd\eta' f_k(v)d^3v f_k(w)d^3w = \langle \Phi, f_{k+1} \rangle$$

(vgl. den Satz [19, 5.1] zur schwachen Konvergenz unter stetigen Transformationen). Stetige Testfunktionen bilden eine konvergenzbestimmende Klasse (vgl. [19, 1.4]). Damit folgt aus (4.54) die schwache Konvergenz von $(V_i^N(k+1))_{i=1}^N$ gegen f_{k+1}. $\square$

4.17 Bemerkungen: a) Eine Variante des oben beschriebenen Algorithmus wurde erstmals von K. Nanbu vorgeschlagen [62]. Allerdings benötigte diese einen Rechenaufwand der Ordnung $\mathcal{O}(N^2)$, wenn N die Größe des Teilchensystems beschreibt, und war damit nicht konkurrenzfähig gegenüber dem von Bird entwickelten Verfahren [21]. Eine einfache, in [4] beschriebene Modifikation reduziert jedoch das Verfahren auf linearen Aufwand $\mathcal{O}(N)$.

b) Der oben beschriebene Algorithmus ist nicht strikt impuls- und energieerhaltend: die Größen

$$m := \sum_{i=1}^N v_i^N \text{ und } E_{kin} := \frac{1}{2} \sum_{i=1}^N \|v_i^N\|^2 \qquad (4.55)$$

fluktuieren in Abhängigkeit von der Wahl der Zufallszahlen. Eine in [7] vorgeschlagene Variante garantiert strikte Impuls- und Energieerhaltung. Hier wird das Stoßresultat – welches im obigen Algorithmus für jedes Teilchen getrennt ausgerechnet wird – ersetzt durch eine Zwei-Teilchen-Wechselwirkung. Die Modifikation wird im folgenden beschrieben.

4.18 Modifikation (*strikte Impuls- und Energieerhaltung*): Wir nehmen an, daß N gerade ist: $N = 2M$.

- Wähle $\pi(.)$ als zufällige Permutation von $1 \dots N$;

- wähle ZVa r_i, η_i, $i = 1 \dots M$;

- definiere

$$V_{\pi(2i)}(k+1) := K(V_{\pi(2i)}|V_{\pi(2i+1)}, \eta_i, r_i), \qquad (4.56)$$
$$V_{\pi(2i+1)}(k+1) := K(V_{\pi(2i+1)}|V_{\pi(2i)}, \eta_i, r_i), \quad i = 1 \dots M.$$

Dann gilt

$$V_{\pi(2i)}(k+1) + V_{\pi(2i+1)}(k+1) = V_{\pi(2i)}(k) + V_{\pi(2i+1)}(k),$$

$$|V_{\pi(2i)}(k+1)|^2 + |V_{\pi(2i+1)}(k+1)|^2 = |V_{\pi(2i)}(k)|^2 + |V_{\pi(2i+1)}(k)|^2, \tag{4.57}$$

und damit Erhaltung des Gesamtimpulses und der Gesamtenergie.

c) Die Wahl der Anfangsgeschwindigkeiten V_i als stochastisch unabhängige ZVa ist (nach dem Gesetz der großen Zahl) eine Möglichkeit, für $N \to \infty$ fast sicher die Anfangsbedingung f_0 durch diskrete Maße zu approximieren. Die Abweichung von f_0 ist – wie im Anhang präzisiert wird – von der Ordnung $\mathcal{O}(N^{-1/2})$. Eine Alternative besteht im Versuch, f_0 durch ein N-Punkt-Ensemble (annähernd) optimal zu approximieren; diese Problemstellung sowie weitere Fragestellungen, wie stochastische Effekte durch reguläre Zahlenfolgen zu ersetzen und damit die Konvergenz zu verbessern, führten zur Entwicklung sog. *LD-* (*Low discrepancy-*) Methoden (s. [12, 66]).

4.3 Stochastische Lösung der vollen Boltzmann–Gleichung

Wir wollen die Ergebnisse des vorigen Abschnitts übertragen auf die räumlich inhomogene Boltzmann–Gleichung

$$\left(\frac{\partial}{\partial t} + v \cdot \nabla_x\right) f = J(f, f) \tag{4.58}$$

unter geeigneten Bedingungen bezüglich des Rands des Ortsraums. Solche Bedingungen können das Verhalten von $f(t, x, v)$ für $\|x\| \to \infty$ vorschreiben oder auch durch stochastische Reflexionsgesetze an physikalischen Rändern beschrieben sein.

4.3.1 Operator–Splitting und Glättung

Die gängigen stochastischen Verfahren beruhen auf dem Aufspalten des Anfangswertproblems in die zwei Teilprobleme

$$\left(\frac{\partial}{\partial t} + v \cdot \nabla_x\right) f = 0 \tag{4.59}$$

(unter Berücksichtigung von Randbedingungen) und (für festes x)

$$\frac{\partial}{\partial t} f = J(f, f). \tag{4.60}$$

Hierzu diskretisieren wir die Zeit t durch Einführung eines Zeitschritts Δt. Anstelle der exakten Lösung der inhomogenen Boltzmann–Gleichung $f(k \cdot \Delta t)$, $k = 1, 2, \ldots$ suchen wir eine numerische Approximation des "gesplitteten" Systems.

4.19 Operator–Splitting–Verfahren: Gegeben sei f_{k-1} als numerische Approximation von $f((k-1) \cdot \Delta t)$; berechne die Approximation f_k für den nächsten Zeitschritt durch folgende zwei Schritte:

1. *Freier Fluß:* Löse in $[0, \Delta t]$ das Anfangswertproblem $(\partial/\partial t + v\nabla_x)g = 0$, $g(0) = f_{k-1}$, und setze $g_k := g(\Delta t)$;

2. *Stoßphase:* Löse für jeden Ortsparameter x das homogene Problem $(\partial/\partial t)h = J(h, h)$, $h(0) = g_k$ in $[0, \Delta t]$; setze $f_k := h(\Delta t)$.

Während der freie Fluß problemlos in einen stochastischen Algorithmus integriert werden kann, sind für die Stoßphase einige Modifikationen nötig. Der Stoßoperator ist räumlich lokal; dagegen treffen in einem stochastischen Verfahren Teilchen nur mit Wahrscheinlichkeit 0 aufeinander. Deshalb muß der Ortsraum in Zellen C_i partitioniert werden. Stoßpartner eines Teilchens können während der Stoßphase alle Teilchen sein, welche sich in derselben Zelle befinden. Dies entspricht der folgenden Modifikation des homogenen Problems.

4.20 Glättung des Stoßoperators: Es sei $(C_i)_{i \in I}$ eine Partitionierung des Ortsraums in höchstens abzählbar viele hinreichend reguläre Mengen C_i mit Lebesgue-Maß $\lambda(C_i)$. Ersetze die homogene Gleichung aus der Stoßphase des Operator-Splitting-Verfahrens durch die geglättete Gleichung

$$\frac{\partial}{\partial t} h(t,x,v) \tag{4.61}$$

$$= \frac{1}{\lambda(C_i)} \int_{C_i} \int_{\mathbb{R}^3} \int_{S^2} (h(t,x,v')h(t,y,w') - h(t,x,v)h(t,y,w))k(|v-w|,\theta)d\eta dw dy$$

für $x \in C_i$.

Als letzten Vorbereitungsschritt führen wir nun noch eine Euler-Diskretisierung wie im homogenen Fall durch. Als Folge ergibt sich das

4.21 Iterationsschema: Für eine gegebene nichtnegative Anfangsbedingung $f_0 \in L(\mathbb{R}^3 \times \mathbb{R}^3)$, $\|f_0\|_1 = 1$, definiere für $k = 1, 2, \ldots$

$$g_k(x,v) := f_{k-1}(x - \Delta t \cdot v, v), \tag{4.62}$$

$$f_k(x,v) := g_k \tag{4.63}$$
$$+ \frac{\Delta t}{\lambda(C_i)} \int_{C_i} \int_{\mathbb{R}^3} \int_{S^2} (g_k(t,x,v')g_k(t,y,w') - g_k(t,x,v)g_k(t,y,w))k(|v-w|,\theta)d\eta dw dy.$$

Unter den Voraussetzungen

1. $0 \leq \sigma(u) \leq \bar{\sigma} < \infty$,

2. $\Delta t \leq 2\lambda(C_i)/\bar{\sigma}$ für alle i

ist $f_k \in L^1(\mathbb{R}^3 \times \mathbb{R}^3)$. f_k ist nichtnegativ und es gilt $\|f_k\|_1 = 1$. (Vgl. Lemma 4.10.)

4.22 Bemerkung: Zur Abschätzung des Diskretisierungsfehlers, der durch Einführung des Zeitschritts Δt und der Zellen C_i entsteht, sind Annahmen über die Lösung des ursprünglichen Problems erforderlich. Eine Abschätzung unter der Voraussetzung, daß diese Lösung durch eine Maxwell-Funktion beschränkt ist, findet sich in [13, Theorem 5.1].

Dieses Verfahren soll nun durch stochastische Methoden im Sinne des vorhergehenden Abschnitts approximiert werden.

4.3.2 Ein stochastischer Algorithmus

Wir wollen nun das AWP

$$\left(\frac{\partial}{\partial t} + v \cdot \nabla_x\right) f = J(f, f), \quad f(t = 0) = f_0 \tag{4.64}$$

mit Hilfe eines stochastischen Verfahrens für das Iterationsschema 4.21 numerisch lösen. Die Anfangsbedingung $f_0 \in L^1(\mathbb{R}^3 \times \mathbb{R}^3)$ sei eine nichtnegative Funktion, und es gelte o.B.d.A. $\|f_0\|_{L^1} = 1$. Desweiteren seien die Voraussetzungen bzgl. σ und Δt erfüllt.

Nach den in den vorhergehenden Abschnitten angestellten Überlegungen kann ein Algorithmus wie folgt skizziert werden.

4.23 Skizze eines Algorithmus:

1. *Initialisierung:* Zu vorgegebenem $N \gg 1$ wähle N gemäß der Anfangsverteilung $f_0(x, v)d^3x d^3v$ verteilte ZVa $(X_i(0), V_i(0))_{i=1}^{N}$.

2. Gegeben seien $(X_i(k), V_i(k))_{i=1}^{N}$ nach dem k-ten Zeitschritt. Zur Berechnung des nächsten Zeitschritts führe durch:

   (a) *Freier Fluß:* Definiere $X_i(k + 1) := X_i(k) + \Delta t \cdot V_i(k)$. (Im Falle von Kraftfeldern F berechne stattdessen die zugehörigen Newton-Gleichungen im Intervall $[k \cdot \Delta t, (k + 1) \cdot \Delta t]$. Eventuell vorhandene physikalische Ränder im Rechengebiet, an denen die Gasteilchen reflektiert werden, behandle wie in Abschnitt 3.3.1.)

   (b) *Zelleneinteilung:* Ordne jeder Position $X_i(k+1)$ die Zelle $\gamma(i)$ im Ortsraum zu, in der sich $X_i(k+1)$ befindet, d.h. $X_i(k+1) \in C_{\gamma(i)}$; wähle zu jedem Teilchen i zufällig einen "Stoßpartner" $n(i)$ aus der gleichen Zelle, d.h. $X_{n(i)} \in C_{\gamma(i)}$.

   (c) *Stoßphase:* Wähle wie im Algorithmus 4.15 Zufallsvariablen $r_i \in [0, 1]$ und $\eta_i \in S^2$ und definiere $V_i(k + 1) := K(V_i(k)|V_{n(i)}(k), \eta_i, r_i)$.

Die Konvergenz des obigen Verfahrens, d.h. die fast sichere schwache Konvergenz der diskreten Maße

$$\frac{1}{N} \sum_{i=1}^{N} \delta_{(X_i(k), V_i(k))} \tag{4.65}$$

gegen die Lösungen des Iterationsschemas 4.21 wurde in [13] gezeigt.

4.24 Behandlung künstlicher Ränder: Zur praktischen Berechnung des AWP muß der Ortsraum $\mathbb{R}^3$ durch eine beschränkte Teilmenge $\Omega \subset \mathbb{R}^3$ ersetzt werden. Dies erzeugt einen Rand des Rechengebiets $\partial\Omega$, an welchem *künstliche Randbedingungen* für den Fluß nach Ω vorgegeben werden müssen, z.B. durch eine feste Funktion $\phi \geq 0$:

$$\langle n(a), v \rangle f(t, a, v) = \phi(t, a, v) \tag{4.66}$$

für $a \in \partial\Omega$ und $\langle n(a), v \rangle > 0$. ($n(a)$ ist die innere Normale an $\partial\Omega$ im Punkt a, vgl. Abschnitt 1.3.) Um dies zu simulieren, muß ein das Maß $\phi(t, a, v) d\omega(a) dv dt$ approximierendes Punktsystem $(A_k^{neu}, V_k^{neu}, t_k)$ erzeugt und den übrigen Punkten hinzugefügt werden; außerdem müssen alle Punkte des "alten" Systems aufgegeben werden, welche bis zur Zeit Δt den Ortsraum $\Delta\Omega$ verlassen. Die Phase des freien Flusses gliedert sich demnach in die folgenden Schritte:

- Erzeuge gemäß dem vorgeschriebenen Fluß am Rand neue Teilchen;

- bewege alle Teilchen gemäß dem freien Fluß wie in Schritt 2.(a) des Algorithmus 4.23; (einströmende Teilchen werden vom Ortspunkt A_k^{neu} über die Zeit $\Delta t - t_k$ bewegt;) registriere alle Teilchen, welche hierbei mindestens einmal das Gebiet Ω verlassen;

- entferne alle Punkte, welche Ω mindestens einmal verlassen haben.

Nach der Durchführung ist es ratsam, durch Umnumerierung eventuell aufgetretene Lücken in der Reihenfolge der Teilchen zu schließen. Die Gesamtzahl N_{ges} ist nun nicht mehr gleich N, sondern eine ZVa.

4.4 Zelluläre Automaten

Um mit dem stochastischen Verfahren zuverlässige Lösungen des inhomogenen Problems zu produzieren, muss jede Zelle C_j des Ortsraums zu jedem Zeitpunkt eine hinreichend große Anzahl von Teilchen enthalten; damit muß die Gesamt-Teilchenzahl N um Größenordnungen größer sein als die Zahl der Zellen. Dies führt in Anwendungsproblemen – insbesondere in der Nähe des strömungsdynamischen Limes, vgl. Kapitel 6 – leicht zu Anforderungen an Rechenzeit und Speicherkapazität, welche selbst auf modernen "Supercomputern" nicht realisierbar sind. In der Vergangenheit wurde nach Möglichkeiten gesucht, Teilchenströme nach dem Freier-Fluß–Stoß–Prinzip zu modellieren und dabei die Modelle konsequent in Richtungen zu reduzieren, welche eine möglichst effiziente Umsetzung auf Rechnern erwarten lassen. Anvisiertes Ziel war die Berechnung komplexer Phänomene wie

- turbulente Strömungen

- poröse Medien

- komplexe Geometrien.

Modelle mit vereinfachter, rechnerangepaßter Dynamik können eingeführt werden durch

- *Wahl eines diskretisierten Phasenraums anstelle von* $I\!R^3 \times I\!R^3$: in Folge besteht der Phasenraum aus einer diskreten Menge von Punkten; die Diskretisierung erfolgt so, daß Realzahlen durch ordinale Datentypen ersetzt werden können; auf eine größtmögliche Packungsdichte der Daten wird geachtet;

- *Kristallografische Struktur des Phasenraums*: die Diskretisierungen des Orts- und des Geschwindigkeitsraums werden derart aufeinander abgestimmt, daß die Phase des freien Flusses durch einen einfachen Shift zwischen benachbarten Ortspunkten durchgeführt werden kann;

- *Effiziente Berechnung der Stoßphase*: Floating-Point–Operationen werden ersetzt durch effizientere, beispielsweise logische Operationen oder Tabellen.

Wie ein solches Konzept realisiert werden kann, wollen wir im folgenden an Beispielen illustrieren, welche seit den siebziger Jahren entwickelt wurden.

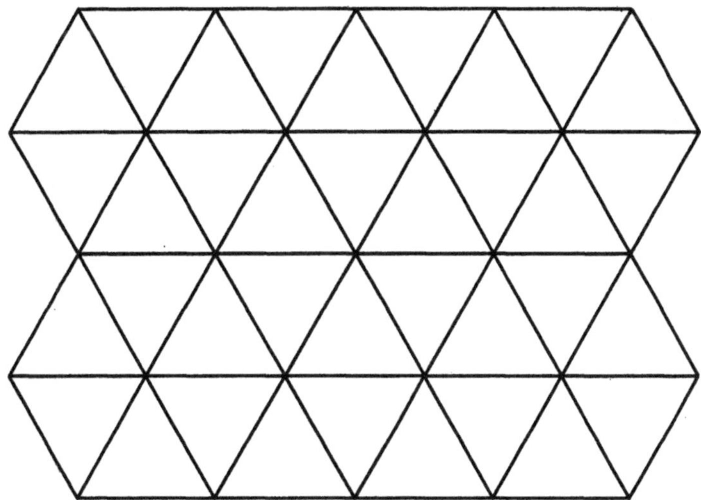

Abbildung 4.2: Sieben-Geschwindigkeiten-Gitter

4.25 Beispiele: a) *HPP-Modell:* Das wohl einfachste Modell in diesem Zusammenhang wurde ab 1972 von Hardy, de Pazzis und Pomeau entwickelt [47]. Ähnlich wie das Broadwell-Modell (vgl. Beispiel1.27 b)) beruht es auf den vier Geschwindigkeiten $v_{1/3} = (\pm 1, 0)$ und $v_{2/4} = (0, \pm 1)$. Die Ortskoordinaten bilden ein reguläres Gitter (kh, lh), $k, h \in \mathbf{Z}$. Es wird vorausgesetzt, daß in jedem Ortspunkt (kh, lh) jede der vier Geschwindigkeitspositionen höchstens einmal besetzt sein darf ("Fermionengas"). Damit kann der Zustand in jedem Gitterpunkt beschrieben werden durch einen Vier-Bit-Vektor $(\alpha_1 \alpha_2 \alpha_3 \alpha_4)$, wobei $\alpha_i \in \{0, 1\}$ anzeigt, ob die i-te Geschwindigkeit besetzt ist (0 für "unbesetzt", 1 für "besetzt"). So steht die Binärzahl 0101 dafür, daß nur die zwei Geschwindigkeiten $(0, \pm 1)$ besetzt sind; die Zahl 1111 besagt, daß alle vier Geschwindigkeiten besetzt sind. Die zwei Komponenten der Bewegung sind folgendermaßen gegeben.

- *Freier Fluß:* Der Zeitschritt Δt und die Diskretisierung h sind so aufeinander abgestimmt, daß jedes Teilchen gemäß seiner Geschwindigkeit beim entsprechenden nächsten Nachbarn landet. So landet – ausgehend von der Zelle (kh, lh) – ein Teilchen mit Geschwindigkeit v_2 in $(kh, (l + 1)h)$ und eines mit Geschwindigkeit v_3 in $((k - 1)h, lh)$.

- *Stoßphase*: Die Simulation von zwei-Teilchen–Stößen wird ersetzt durch eine Abbildung $S : \{0, 1\}^4 \to \{0, 1\}^4$. Das bedeutet: Ist $(\alpha_1 \alpha_2 \alpha_3 \alpha_4)$ der Besetzungsvektor vor dem Stoß, so beschreibt $S(\alpha_1 \alpha_2 \alpha_3 \alpha_4)$ die Besetzung nach dem Stoß. Da wir Massenerhaltung fordern wollen, sind nur Abbildungen $(\alpha_1 \alpha_2 \alpha_3 \alpha_4) \to (\alpha'_1 \alpha'_2 \alpha'_3 \alpha'_4)$ erlaubt, welche $\sum_{i=1}^{4} \alpha_i$ invariant lassen, für welche also gilt

$$\sum_{i=1}^{4} \alpha_i = \sum_{i=1}^{4} \alpha'_i \quad \text{falls} \quad (\alpha'_1 \alpha'_2 \alpha'_3 \alpha'_4) = S(\alpha_1 \alpha_2 \alpha_3 \alpha_4). \tag{4.67}$$

In unserem einfachen Modell sind damit die Besetzungsvektoren (0000) und (1111) invariant unter S. Fordern wir des weiteren Impulserhaltung, so muß weiterhin gelten $\alpha_i + \alpha_{i+2} = \alpha'_i + \alpha'_{i+2}$ für $i = 1, 2$. Dies reduziert die Anzahl der möglichen Stoßabbildungen drastisch (vgl. Aufgabe 4.26).

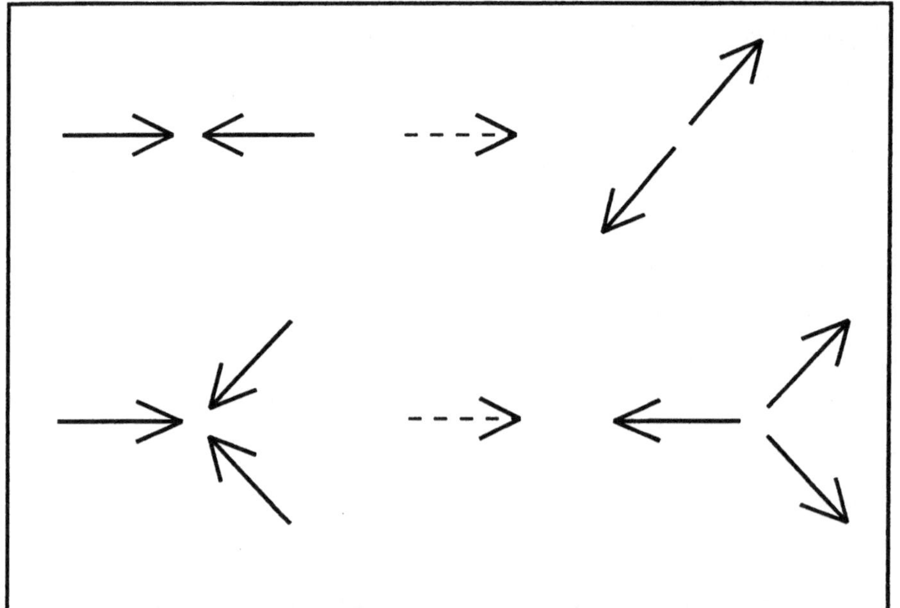

Abbildung 4.3: Impulserhaltende Stoßmodelle

4.26 Aufgabe: a) Zeigen Sie, daß unter Massen- und Impulserhaltung unter einer Abbildung S alle Besetzungsvektoren außer (0101) und (1010) invariant sind. Welche Werte $S(0101)$ und $S(1010)$ sind möglich? Stellen Sie die zugehörigen Stöße graphisch dar.

b) *FHP-Modell:* Ein reichhaltigeres Modell wurde von Frisch, Hasslacher und Pomeau vorgestellt [41]. Es beschreibt ein diskretes System bestehend aus den sieben Geschwindigkeiten

$$v_i = (\sin(2\pi i/6), \cos(2\pi i/6)), \quad i = 0, \ldots, 6 \tag{4.68}$$

und dem zugehörigen Ortsgitter, welches durch Abb. 4.2 gegeben ist. Stöße können wie im vorigen Beispiel durch Abbildungen $S : \{0,1\}^7 \to \{0,1\}^7$ beschrieben werden. Mögliche impulserhaltende zwei- und drei-Teilchen–Modelle sind in Abb. 4.3 gegeben.

c) *FCHC-Modell:* Dies ist ein Modell, welches für räumlich dreidimensionale Probleme eingesetzt werden kann [48].

Zelluläre Automaten werden eingesetzt zur qualitativen Simulation makroskopischer Phänomene. Eine Anwendung wird diskutiert in Abschnitt 7.4.

Kapitel 5

Diffusionslimites linearer kinetischer Gleichungen

Im folgenden soll untersucht werden, in welchem Sinn lineare kinetische Gleichungen (welche bei voller Komplexität auf dem sechsdimensionalen Ort-Geschwindigkeit–Phasenraum operieren) durch einfachere Drift-Diffusions-Gleichungen auf dem dreidimensionalen Ortsraum approximiert werden können. Dieses Kapitel dient damit gleichzeitig der Vorbereitung der strömungsdynamischen Limites für die nichtlineare Boltzmann-Gleichung im nächsten Kapitel.

Wir stellen zwei verschiedene einander ergänzende Zugänge zur Asymptotik kinetischer Gleichungen vor: einen Zugang, der auf der Ausnutzung stochastischer Grenzwertsätze beruht, und einen, welcher durch Methoden der Funktionalanalysis begründet wird. Während der stochastische Formalismus intuitiver und vielen Modellbildungsfragen leichter zugänglich ist, bieten die Methoden der Funktionalanalysis in vielen Fällen den einfacher zu handhabenden Rahmen.

5.1   Ein stochastischer Zugang

5.1.1   Limites kinetischer Gleichungen

Wir beschränken uns in diesem Abschnitt auf lineare kinetische Gleichungen der speziellen Form

$$\left(\frac{\partial}{\partial t} + v \cdot \nabla_x\right) f(v) = \lambda \left(m(v) \int_{\mathrm{IR}^3} f(v')dv' - f(v)\right) \tag{5.1}$$

(vgl. Bemerkung 5.10). Eine solche Gleichung erhält man aus der allgemeineren Form (3.76), wenn der Integralkern $k(v|v') =: m(v)$ von v' unabhängig gewählt wird und die Funktion $c(.)$ eine Konstante ist. Man beachte, daß $m(.)$ eine Wahrscheinlichkeitsdichte auf IR^3 ist. Die Konstante λ reguliert die Stoßfrequenz; ihr reziproker Wert $1/\lambda$ wird *Knudsen-Zahl* genannt. Wir setzen die Beschränktheit der ersten Momente von $m(.)$ voraus:

$$\bar{v}_i := \int_{\mathrm{IR}^3} v_i m(v)dv < \infty, \quad i = 1,\ldots,3. \tag{5.2}$$

5.1 Bemerkung: Der gemäß Abschnitt 3.3 definierte stochastische Prozeß $(X(t), V(t))$ ist folgendermaßen charakterisiert:

- Die Stoßzeiten t_i bilden einen Poisson-Prozeß mit Parameter λ, d.h. mit $\tau_n = t_{n+1} - t_n$ ist

$$t_n = \sum_{i=0}^{n-1} \tau_i, \tag{5.3}$$

und die τ_i sind stochastisch unabhängig und exponentialverteilt gemäß

$$P(\tau_n \leq t) = \int_0^t \lambda \exp(-\lambda s)ds = 1 - \exp(-\lambda t). \tag{5.4}$$

- In $[t_n, t_{n+1})$ erfüllt (X, V) das Differentialgleichungssystem $\dot{X} = V$, $\dot{V} = 0$. Insbesondere ist $V(t) =: V_n$ konstant und

$$X(t_{n+1}) = X(t_n) + \tau_n \cdot V_n. \tag{5.5}$$

- Die Verteilung $d\mu_t$ des Prozesses ist eine schwache Lösung der Gleichung (5.1).

- Wegen der speziellen Form der kinetischen Gleichung (v'-Unabhängigkeit von $k(v|v')$) bilden die Geschwindigkeiten V_n eine Folge von unabhängigen, gemäß der Wahrscheinlichkeitsdichte $m(.)$ gleichverteilten Zufallsvariablen. Damit ist

$$X(\tau^{(n)}) = \sum_{i=0}^{n-1} \tau_i \cdot V_i \tag{5.6}$$

eine Summe von unabhängigen gleichverteilten Zufallsvariablen. Der Erwartungswert der Summanden ist

$$\mathcal{E}(\tau_i \cdot V_i) = \int_0^\infty \lambda t \exp(-\lambda t)dt \cdot \int_{\mathrm{I\!R}^3} vm(v)dv = \bar{v}/\lambda. \tag{5.7}$$

Asymptotische Gleichungen erhalten wir durch Reskalierungen der kinetischen Gleichung (5.1). Insbesondere wird die Zeitvariable derart transformiert, daß die mikroskopische Zeitskala (in der Größenordnung der mittleren Zeiten zwischen zwei Stößen) gegenüber der makroskopischen Zeitskala im Limes verschwindet. Bei der Ausgestaltung der Reskalierung lassen wir uns leiten vom Starken Gesetz der großen Zahl und vom Zentralen Grenzwertsatz (vgl. Anhang A). Die erste Idee einer asymptotischen Gleichung ergibt sich aus der Anwendung des Gesetzes der großen Zahl:

5.2 Lemma: a) Für die Stoßzeiten t_n gilt

$$\lim_{n\to\infty} \frac{1}{n} t_n = \lim_{n\to\infty} \left(\frac{1}{n} \sum_{i=1}^n \tau_i \right) = \mathcal{E}(\tau_i) = \frac{1}{\lambda} \quad \text{fast sicher.} \tag{5.8}$$

b) Die Ortskomponenten erfüllen die Gleichung

$$\lim_{n\to\infty} \frac{1}{n} X(t_n) = \mathcal{E}(\tau_i \cdot V_i) = \frac{\bar{v}}{\lambda} \quad \text{fast sicher.} \tag{5.9}$$

Beweis: Sowohl t_n als auch $X(t_n)$ sind nach (5.3) und (5.5) Summen stochastisch unabhängiger gleichverteilter ZVa. Damit sind beide Aussagen unmittelbare Folgerungen aus dem Gesetz der großen Zahl (vgl. Anhang). $\square$

Ein asymptotisches Drift-Diffusions-Modell für lineare kinetische Gleichungen erhalten wir durch Erhöhung der Stoßfrequenzen. Dies wird erreicht durch die Zeitskalierung $t \to \epsilon t$; hierbei ist es gleichzeitig nötig, die Orts- bzw. Geschwindigkeitsvariable geeignet zu reskalieren. Wir betrachten für kleine $\epsilon > 0$ den reskalierten Prozeß

$$(Z_\epsilon, W_\epsilon)(t) := (\epsilon \cdot X, V)(t/\epsilon). \tag{5.10}$$

Man sieht leicht, daß in den Intervallen $[\epsilon \cdot t_n, \epsilon \cdot t_{n+1})$ gilt

$$\dot{Z}_\epsilon = W_\epsilon, \quad \dot{W}_\epsilon = 0. \tag{5.11}$$

Die Stoßzeiten $\epsilon \cdot t_n$ bilden einen Poissonprozeß mit Parameter λ/ϵ. Damit treffen auch für diesen Prozeß die Aussagen aus Bemerkung 5.1 zu, wenn wir λ ersetzen durch λ/ϵ, und die Verteilung von (Z_ϵ, W_ϵ) ist eine schwache Lösung der kinetischen Gleichung

$$\left(\frac{\partial}{\partial t} + v \cdot \nabla_x \right) f_\epsilon(v) = \frac{\lambda}{\epsilon} \left(m(v) \int_{\mathrm{IR}^q} f_\epsilon(v')dv' - f_\epsilon(v) \right). \tag{5.12}$$

5.3 Bemerkung: Das gleiche Ergebnis erhalten wir unter der Reskalierung

$$(\tilde{Z}_\epsilon, \tilde{W}_\epsilon)(t) := (X, V/\epsilon)(t/\epsilon). \tag{5.13}$$

Das zeitliche Verhalten der Ortskomponente Z_ϵ ist im Limes $\epsilon \to 0$ charakterisiert durch gleichförmige Bewegung, wie das folgende Lemma zeigt.

5.4 Lemma: Für $\epsilon \to 0$ gilt fast sicher

$$Z_\epsilon(t) \longrightarrow t \cdot \bar{v}. \tag{5.14}$$

Beweis: Zu gegebenem $t > 0$ definieren wir die Anzahl der Stöße bis zur Zeit t, d.h. die Zufallsvariable $n_\epsilon := \max\{n \in \mathrm{IN} : t_n \leq t/\epsilon\}$. Da einerseits aus dem Gesetz der großen Zahl folgt

$$\frac{1}{n_\epsilon} \sum_{k=1}^{n_\epsilon} \tau_k \longrightarrow \mathcal{E}(\tau_n) = \frac{1}{\lambda} \tag{5.15}$$

und andererseits nach Konstruktion der n_ϵ gilt

$$\frac{t_n}{n_\epsilon} = \frac{1}{n_\epsilon} \sum_{k=1}^{n_\epsilon} \tau_k \approx \frac{1}{n_\epsilon} \cdot \frac{t}{\epsilon}, \tag{5.16}$$

so folgt für $\epsilon \to 0$

$$\epsilon \cdot n_\epsilon \to t \cdot \lambda. \tag{5.17}$$

Aufgrund der gleichförmigen Bewegung zwischen Stößen liegt $Z_\epsilon(t)$ zwischen

$$z_{n_\epsilon} := \epsilon \cdot \sum_{i=0}^{n_\epsilon} \tau_i \cdot V^{(i)} \quad \text{und} \quad z_{n_\epsilon+1} = \epsilon \cdot \sum_{i=0}^{n_\epsilon+1} \tau_i \cdot V^{(i)}. \tag{5.18}$$

Es ist

$$z_{n_\epsilon} = (\epsilon \cdot n_\epsilon) \cdot \frac{1}{n_\epsilon} \cdot \sum_{i=0}^{n_\epsilon} \tau_i \cdot V^{(i)} \longrightarrow (t\lambda) \cdot \frac{\bar{v}}{\lambda} = t \cdot \bar{v}. \tag{5.19}$$

Derselbe Grenzwert gilt für $z_{n_\epsilon+1}$. $\quad \square$

Da die asymptotischen Betrachtungen für (Z_ϵ, W_ϵ) nur für die Ortskomponenten Z_ϵ gelten (die Geschwindigkeitskomponenten W_ϵ verlieren im Limes ihren Sinn), benötigen wir einen an unsere spezifische Situation angepaßten schwachen Konvergenzbegriff:

5.5 Definition *(Schwache Konvergenz)*: Eine Schar $\{f_\epsilon, 0 < \epsilon \le \epsilon_0\}$ von Funktionen $f_\epsilon(t, x, v)$ heißt in $[0, t_0]$ *schwach konvergent* gegen $g = g(t, x)$, falls für alle beschränkten und stetigen Testfunktionen $\phi(x)$ und für alle $t \in [0, t_0]$ gilt:

$$\int_{\mathrm{IR}^3} \phi(x) \int_{\mathrm{IR}^3} f_\epsilon(t, x, v) d^3v d^3x = \int_{\mathrm{IR}^3} \phi(x) g(t, x) d^3x. \tag{5.20}$$

Die in Lemma 5.4 erhaltene gleichförmige Bewegung $t \to z_0 + t\bar{v}$ wird auch durch die folgende erste Modellgleichung beschrieben.

5.6 Modellgleichung I *(Driftgleichung)*: Die durch die Verteilungen von (Z_ϵ, V_ϵ) gegebenen Lösungen f_ϵ des Anfangswertproblems

$$\left(\frac{\partial}{\partial t} + v \cdot \nabla_x \right) f_\epsilon(v) = \frac{\lambda}{\epsilon} \left(m(v) \int_{\mathrm{IR}^3} f_\epsilon(v') dv' - f_\epsilon(v) \right) \tag{5.21}$$

$$f_\epsilon(t = 0) = f_0 \in L^1_+(\mathrm{I\!R}^3 \times \mathrm{I\!R}^3) \tag{5.22}$$

konvergieren schwach gegen die Lösung von

$$\left(\frac{\partial}{\partial t} + \bar{v}\nabla_x\right) g(t, x) = 0, \quad g(0, x) = \int_{\mathrm{I\!R}^3} f_0(x, v)d^3v, \tag{5.23}$$

wobei $\bar{v}$ gegeben ist durch (5.2).

Beweis: Es bezeichne $dP_t(z|Z_\epsilon(0) = z_0)$ die Übergangswahrscheinlichkeit von der Ortsvariablen z_0 zur Zeit 0 in den Zustand z zur Zeit $t > 0$. Nach Lemma 5.4 konvergiert dP_t gegen das singuläre Maß $\delta_{z_0 + \bar{v} \cdot t}(z)$. Die Lösung der Differentialgleichung in (5.21) ist gegeben durch

$$g(t, z) = g(0, z - t \cdot \bar{v}). \tag{5.24}$$

(Man überzeuge sich hiervon durch Anwendung der Kettenregel der Differentialrechnung.) Es folgt

$$\begin{aligned}
\int_{\mathrm{I\!R}^3} \phi(x) &\int_{\mathrm{I\!R}^3} f_\epsilon(t, x, v)d^3v d^3x \\
&= \int_{\mathrm{I\!R}^3 \times \mathrm{I\!R}^3} \left(\int_{\mathrm{I\!R}^3} \phi(z)dP_t(z|Z_\epsilon(0) = z_0)\right) f_0(z_0, v)d^3v d^3z \\
&\longrightarrow \int_{\mathrm{I\!R}^3} \phi(z_0 + t\bar{v})g(0, z_0)d^3z_0 = \int_{\mathrm{I\!R}^3} \phi(x)g(t, x)d^3x. \quad \Box
\end{aligned} \tag{5.25}$$

5.7 Bemerkung: Die Modellgleichung I

$$\left(\frac{\partial}{\partial t} + \bar{v}\nabla_x\right) g(t, x) = 0 \tag{5.26}$$

hat als Charakteristiken die gleichförmige Bewegung $t \longrightarrow z_0 + t \cdot \bar{v}$. Die Lösungen des Anfangswertproblems (5.21), (5.22) sind gegeben durch

$$g(t, x) = \int_{\mathrm{I\!R}^3} f_0(x - \bar{v}t, v)dv. \tag{5.27}$$

In einem zweiten Schritt untersuchen wir die Abweichung von Z_ϵ von der deterministischen Bewegung $t \to t \cdot \bar{v}$ und definieren hierzu

$$S_\epsilon(t) := \frac{1}{\sqrt{\epsilon}}(Z_\epsilon(t) - t \cdot \bar{v}). \tag{5.28}$$

Offenbar ist

$$\dot{S}_\epsilon(t) = (W_\epsilon - \bar{v})(t)/\sqrt{\epsilon} =: U_\epsilon(t). \tag{5.29}$$

Da W_ϵ stückweise konstant ist, gilt diés auch für U_ϵ; Geschwindigkeitsveränderungen von U_ϵ erfolgen wie bei W_ϵ zu (λ/ϵ)-exponentialverteilten Zufallszeiten gemäß der Wahrscheinlichkeitsdichte

$$\tilde{m}(u) = \sqrt{\epsilon}^3 m(\sqrt{\epsilon}u + \bar{v}). \tag{5.30}$$

$\tilde{m}$ hat Erwartungswert $\mathcal{E}\tilde{m} = 0$. Damit erfüllt die Verteilung von (S_ϵ, U_ϵ) schwach die Gleichung

$$\left(\frac{\partial}{\partial t} + u \cdot \nabla_x\right) \phi_\epsilon(v) = \frac{\lambda}{\epsilon} \left(\tilde{m}(u) \int_{\mathrm{IR}^3} \phi_\epsilon(u')du' - \phi_\epsilon(u)\right). \tag{5.31}$$

Die entsprechende Gleichung für die Wahrscheinlichkeitsdichten $f(v) := \epsilon^{-3/2}\phi(u)$ mit $v = \sqrt{\epsilon}u + \bar{v}$ lautet

$$\left(\frac{\partial}{\partial t} + \frac{v - \bar{v}}{\sqrt{\epsilon}}\nabla_x\right) f_\epsilon(v) = \frac{\lambda}{\epsilon} \left(m(v) \int_{\mathrm{IR}^q} f_\epsilon(v')dv' - f_\epsilon(v)\right). \tag{5.32}$$

Das asymptotische Verhalten von Lösungen dieser Gleichungen erhalten wir aus dem Zentralen Grenzwertsatz.

5.8 Satz *(Diffusionsgleichung)*: Der Prozeß $(X(t), V(t))$ starte mit einer Ortsverteilung $\rho(x)dx$. Dann konvergieren die Verteilungen von (S_ϵ, U_ϵ) (und damit die zugehörigen schwachen Lösungen des AWP (5.32), (5.22) für $\epsilon \to 0$ in der Verteilung gegen die Lösung der Diffusionsgleichung

$$\frac{\partial}{\partial t}g(t, x) = \frac{1}{\lambda}\nabla_x^T C\nabla_x g(t, x), \quad g(0, .) = \rho(.). \tag{5.33}$$

Hierbei ist $C = (c_{ij})_{i,j=1}^3$ die durch

$$c_{ij} = \int_{\mathrm{IR}^3} (v - \bar{v})_i(v - \bar{v})_j m(v)dv \tag{5.34}$$

definierte Kovarianzmatrix.

Beweis: Zu $t \geq 0$ definieren wir n_ϵ wie im Beweis von Lemma 5.4. Damit liegt

$$S_\epsilon(t) = \frac{1}{\sqrt{\epsilon}} \left[Z_\epsilon(t) - t \right] = \sqrt{\epsilon} \left[X(t/\epsilon) - (t/\epsilon) \right] \tag{5.35}$$

zwischen $s_{n_\epsilon} := S_\epsilon(\tau^{(n_\epsilon)})$ und $s_{n_{\epsilon+1}}$, und es ist

$$s_{n_\epsilon} = \sqrt{\epsilon} \sum_{i=0}^{n_\epsilon} \tau_i (V^{(i)} - \bar{v}) = \sqrt{\epsilon \cdot n_\epsilon} \frac{1}{\sqrt{n_\epsilon}} \sum_{i=0}^{n_\epsilon} \tau_i (V^{(i)} - \bar{v}). \tag{5.36}$$

Nach dem Zentralen Grenzwertsatz (vgl. Anhang A) gilt

$$\frac{1}{\sqrt{n_\epsilon}} \sum_{i=0}^{n_\epsilon} \tau_i (V^{(i)} - \bar{v}) \Longrightarrow \mathcal{N}(0, \tilde{\Sigma}), \tag{5.37}$$

wobei

$$\tilde{\Sigma}^T \tilde{\Sigma} = \tilde{C} = \mathcal{E}(\tau_i^2) \cdot C = \frac{2}{\lambda^2} C = \left(\sqrt{\frac{2}{\lambda^2}} \cdot \Sigma \right)^T \left(\sqrt{\frac{2}{\lambda^2}} \cdot \Sigma \right) \tag{5.38}$$

die Kovarianzmatrix von $\tau_i(V_i - \bar{v})$ ist. Wegen $\sqrt{\epsilon n_\epsilon} \to \sqrt{t\lambda}$ hat s_{n_ϵ} für $\epsilon \to 0$ die Varianz

$$t\lambda \cdot \tilde{C} = \frac{2t}{\lambda} C = \frac{2t}{\lambda} \Sigma^T \Sigma \tag{5.39}$$

und es folgt

$$s_{n_\epsilon} \Longrightarrow \mathcal{N}\left(0, \sqrt{\frac{2t}{\lambda}} \cdot \Sigma \right). \tag{5.40}$$

Die zugehörigen Dichten sind die Lösungen des AWP (vgl. Anhang, Satz A.25). $\square$

Die gleichförmige Bewegung $\bar{v}t$ (Modellgleichung I) und die Abweichung hiervon nach dem Zentralen Grenzwertsatz können wie folgt zu einer zweiten Modellgleichung kombiniert werden.

5.9 Modellgleichung II *(Drift-Diffusionsgleichung)*: Die Zufallsvariable Z_ϵ ist von der Form

$$Z_\epsilon(t) = t \cdot \bar{v} + \sqrt{\epsilon} \cdot S_\epsilon(t), \tag{5.41}$$

wobei $S_\epsilon(t) \Longrightarrow S_0(t)$ und $S_0(t)$ verteilt ist gemäß $\mathcal{N}(0, \sqrt{\frac{2t}{\lambda}} \cdot \Sigma)$. Die Verteilung von

$$Z_\epsilon^{(0)}(t) := t \cdot \bar{v} + \sqrt{\epsilon} \cdot S_0(t) \tag{5.42}$$

ist gegeben durch die Lösung der Drift-Diffusionsgleichung

$$\left(\frac{\partial}{\partial t} + \bar{v}\nabla_x \right) u(t,x) = \frac{\epsilon}{\lambda} \nabla_x^T C \nabla_x u(t,x). \tag{5.43}$$

Der "Fehler" beim Übergang von der kinetischen Gleichung (unter einer geeigneten Reskalierung) zur Drift-Diffusionsgleichung besteht für $\epsilon > 0$ also lediglich im Einsetzen von S_0 anstelle von S_ϵ in Gleichung (5.42).

5.10 Bemerkungen: a) Eines unserer zentralen Argumente bei der Modellierung des Ortsprozesses Z_ϵ war die stochastische Unabhängigkeit der Zuwächse $\Delta\tau_i \cdot V_i$ und damit der Geschwindigkeiten V_i, welche garantiert wurde durch die v'-Unabhängigkeit von $k(v|v')$. Eine Drift-Diffusions-Modellgleichung kann aber auch für allgemeinere Stoßkerne $k(v|v')$ hergeleitet werden. In der Tat kann in einem gewissen Sinn die asymptotische Unabhängigkeit der Zuwächse $Z_\epsilon(t+h) - Z_\epsilon(t)$ gezeigt werden. Die Beweise für diese Verallgemeinerung sind allerdings technisch sehr aufwendig und können hier nicht wiedergegeben werden. Auch ist eine explizite Darstellung der Diffusionskonstanten schwierig. Der interessierte Leser wird auf [67] verwiesen. Wir begnügen uns stattdessen mit der Untersuchung eines einfachen diskreten Geschwindigkeitsmodells im nächsten Abschnitt. Für allgemeinere Stoßkerne verweisen wir auf den funktionalanalytischen Teil in Abschnitt 5.2.

b) Bisher wurde für den oben konstruierten Prozeß gezeigt, in welchem Sinn die Verteilungen für feste Zeiten $t \geq 0$ durch Lösungen der Drift-Diffusionsgleichung approximiert werden können. Dies besagt noch nicht viel über die den Prozeß festlegende Dynamik. In Anhang A wird ein wesentlich stärkeres Ergebnis skizziert, welches besagt, daß der Prozeß S_ϵ im Raum $C[0,T]$ (für $T > 0$ beliebig) der stetigen Trajektorien gegen einen Wiener-Prozeß konvergiert, daß also die Dynamik für kleine ϵ vergleichbar mit der eines Wiener-Prozesses ist (Donskers Invarianzprinzip) .

5.1.2 Beispiel: Asymptotik der Telegrafengleichung

Wir betrachten das räumlich eindimensionale System von partiellen Differentialgleichungen zu den Geschwindigkeiten $v_1, v_2 \in \mathbb{R}$,

$$\left(\frac{\partial}{\partial t} + v_1 \frac{\partial}{\partial x} \right) f_1 = \lambda_2 f_2 - \lambda_1 f_1, \tag{5.44}$$

$$\left(\frac{\partial}{\partial t} + v_2 \frac{\partial}{\partial x} \right) f_2 = \lambda_1 f_1 - \lambda_2 f_2 \tag{5.45}$$

mit $\lambda_1 \geq \lambda_2 > 0$. Dieses System beschreibt die Verteilung eines Testteilchen, welches sich mit einer der zwei Geschwindigkeiten v_1, v_2 bewegt und zwischen diesen Geschwindigkeiten zu zufälligen Zeiten wechselt. Als Anfangsbedingung wählen wir $f_1(0, x) := \delta_0(x)$, $f_2(0, x) \equiv 0$. Um auf unsere Standardform zu kommen, schreiben wir mit $\lambda := \lambda_1$, $\Delta\lambda := (\lambda_1 - \lambda_2)/\lambda$:

$$\left(\frac{\partial}{\partial t} + v_1 \frac{\partial}{\partial x} \right) f_1 = \lambda \left((1 - \Delta\lambda) f_2 - f_1 \right), \tag{5.46}$$

$$\left(\frac{\partial}{\partial t} + v_2 \frac{\partial}{\partial x} \right) f_2 = \lambda \left(f_1 + \Delta\lambda f_2 - f_2 \right). \tag{5.47}$$

Mit $s_j := \lambda$ und $K = (k_{ij})$,

$$K := \begin{pmatrix} 0 & 1 - \Delta\lambda \\ 1 & \Delta\lambda \end{pmatrix} \tag{5.48}$$

ist dies ein Spezialfall des Systems in Abschnitt 3.2.1. Wie früher erhalten wir einen zugehörigen stochastischen Prozeß $(X, V)(t)$, wobei $\dot{X} = V$ und V in Intervallen $[t_i, t_{i+1})$ konstant ist. Die Stoßzeiten t_n bilden einen Poissonprozeß mit Parameter λ. Zu den Stoßzeiten ändern sich die Geschwindigkeiten gemäß der stochastischen Matrix K, d.h.

$$v_1 \longrightarrow v_2 \text{ fast sicher}, \tag{5.49}$$

$$v_2 \longrightarrow \begin{cases} v_1 \text{ mit Wahrscheinlichkeit } 1 - \Delta\lambda \\ v_2 \text{ mit Wahrscheinlichkeit } \Delta\lambda. \end{cases} \tag{5.50}$$

Gemäß der Anfangsbedingung ist $V^{(0)} = v_1$ und

$$X(t_n) = \sum_{i=0}^{n-1} \tau_i V^{(i)}, \tag{5.51}$$

aber die Summanden sind weder unabhängig noch gleichverteilt. Ein kleiner "Trick" erlaubt es uns aber, $X(t_n)$ als Summe unabhängiger gleichverteilter Zufallsvariablen zu schreiben. Fassen wir nämlich die Ortszuwächse zwischen zwei Eintritten in einen fest gewählten Zustand v_i, $i = 1$ oder $i = 2$ zusammen, so bilden diese eine Folge unabhängiger Zufallsvariabler. Wir wählen hier $i = 1$ und definieren $(k_n)_{n=1}^{\infty}$ als die aufsteigende Folge aller derjenigen Indizes, für die $V^{(k_n)} = v_1$, sowie die Ortszuwächse

$$\Delta\xi_n := \sum_{i=k_n}^{k_{n+1}} \tau_i V^{(i)}. \tag{5.52}$$

Damit ist

$$X(t_{(k_n)}) = \sum_{i=0}^{n-1} \Delta\xi_i \tag{5.53}$$

eine Summe mit unabhängigen gleichverteilten Summanden (vgl. [33]). Zur Herleitung einer Drift-Diffusionsgleichung müssen nun lediglich die ersten und zweiten Momente der Summanden berechnet werden. Wir definieren $\Delta k_n := k_n - k_{n-1}$ und die Zeit zwischen zwei Übergängen zum Zustand v_1, $\Delta h_n := \tau^{(k_n)} - \tau^{(k_{n-1})}$.

5.11 Lemma: Es ist $P(\Delta k_n = 1) = 0$ und für $l > 1$

$$P(\Delta k = l) = \Delta\lambda^{l-2} \cdot (1 - \Delta\lambda). \tag{5.54}$$

Für die Erwartungswerte $\overline{(\Delta h)} := \mathcal{E}(\Delta h)$ und $\overline{(\Delta\xi)} := \mathcal{E}(\Delta\xi)$ gilt

$$\overline{\Delta h} = \frac{1}{\lambda} \cdot \frac{2 - \Delta\lambda}{1 - \Delta\lambda} \quad \text{sowie} \quad \overline{\Delta\xi} = \frac{1}{\lambda} \cdot \frac{(1 - \Delta\lambda)v_1 + v_2}{1 - \Delta\lambda}. \tag{5.55}$$

Beweis: Es ist $V_{k_n} = v_1$; nach (5.48) ist $V_{k_n+1} \neq v_1$ fast sicher. Damit ist $\Delta k_n > 1$ fast sicher. Weiter ist

$$P(\Delta k = 2) = 1 - \Delta\lambda \tag{5.56}$$

die Wahrscheinlichkeit, nach einem einzigen Zeitschritt von dem Zustand $i = 2$ wieder in den Zustand $i = 1$ zurückzukehren. Durch Induktion folgt Gleichung (5.54). Die Formel für bedingte Erwartungen ergibt aufgrund der stochastischen Unabhängigkeit der ZVa $\Delta \tau_i = \tau_{i+1} - \tau_i$

$$
\begin{aligned}
\overline{\Delta h} &= \sum_{i=2}^{\infty} \mathcal{E}(\Delta h | \Delta k = i) \cdot P(\Delta k = i) \\
&= \sum_{i=2}^{\infty} i \cdot \mathcal{E}(\Delta \tau) \cdot \Delta \lambda^{i-2} \cdot (1 - \Delta \lambda) \\
&= \frac{1}{\lambda} \left(1 + (1 - \Delta \lambda) \cdot \sum_{i=1}^{\infty} (i-1) \cdot \Delta \lambda^i \right) = \frac{1}{\lambda} \cdot \frac{2 - \Delta \lambda}{1 - \Delta \lambda}
\end{aligned}
\tag{5.57}
$$

sowie

$$
\begin{aligned}
\overline{\Delta \xi} &= v_1 \cdot \mathcal{E}(\Delta \tau) + v_2 \cdot \sum_{i=2}^{\infty} \mathcal{E}(\Delta \xi | \Delta k = i) \cdot P(\Delta k = i) \\
&= v_1 \mathcal{E}(\Delta \tau) + v_2 \sum_{i=2}^{\infty} (i-1) \cdot \mathcal{E}(\Delta \tau) \cdot \Delta \lambda^i \cdot (1 - \Delta \lambda) = \frac{1}{\lambda} \cdot \frac{(1 - \Delta \lambda) v_1 + v_2}{1 - \Delta \lambda}.
\end{aligned}
\tag{5.58}
$$

$\square$

Wie früher betrachten wir den reskalierten Prozeß $Z_\epsilon(t) := \epsilon \cdot X(t/\epsilon)$ und definieren für $t > 0$ fest $n_\epsilon := \max\{n \in \mathbb{N} : t_{k_{n_\epsilon}} \leq t/\epsilon\}$. Nach dem Gesetz der großen Zahl ist $t/(\epsilon \cdot n_\epsilon) \approx t_{k_{n_\epsilon}}/n_\epsilon \approx \overline{\Delta h}$ und daher $n_\epsilon \approx t/(\overline{\Delta h} \cdot \epsilon)$. Damit konvergiert

$$
Z_\epsilon(t) \approx \epsilon \cdot \sum_{i=0}^{\left[\frac{t}{\overline{\Delta h} \cdot \epsilon} \right]} \Delta \xi_i \longrightarrow t \cdot \bar{v}
\tag{5.59}
$$

mit

$$
\bar{v} = \frac{\overline{\Delta \xi}}{\overline{\Delta h}} = \frac{(1 - \Delta \lambda) v_1 + v_2}{2 - \Delta \lambda} = \frac{\lambda_2 \cdot v_1 + \lambda_1 \cdot v_2}{\lambda_1 + \lambda_2}
\tag{5.60}
$$

und wir erhalten als

5.12 Modellgleichung I:

$$
\left(\frac{\partial}{\partial t} + \bar{v} \cdot \nabla_x \right) u(t, x) = 0.
\tag{5.61}
$$

Um die Abweichungen von der gleichförmigen Bewegung zu studieren, ändern wir unser Bezugssystem und definieren als neue Geschwindigkeiten $w_i := v_i - \bar{v}$ und bezeichnen $\Delta\zeta$ als zugehörige Ortszuwächse:

$$\Delta\zeta_n := w_1 \cdot \Delta\tau_{k_n} + w_2 \cdot \sum_{i=k_n+2}^{k_{n+1}} \Delta\tau_i. \tag{5.62}$$

5.13 Lemma: Es ist $E(\Delta\zeta) = 0$ und

$$\sigma^2 := E((\Delta\zeta)^2) = \frac{2 \cdot (v_1 - v_2)^2}{(\lambda_1 + \lambda_2)^2}. \tag{5.63}$$

Beweis: Nach der Formel für bedingte Erwartungen ist

$$\sigma^2 = \sum_{i=2}^{\infty} E((\Delta\zeta_n)^2 | k_n = i) \cdot P(k_n = i). \tag{5.64}$$

Es ist $E(\Delta\tau^2) = 2/\lambda^2$. Da die ZVa $\tau^{(i)} - \tau^{(i-1)}$ unabhängig sind, ist $E(\Delta\tau_i\Delta\tau_j) = (\overline{\Delta\tau})^2 = 1/\lambda^2$ für $i \neq j$ und daher

$$\begin{aligned}
E((\Delta\zeta_n)^2 | k_n = i) &= E\left(\left(w_1\Delta\tau_1 + w_2 \sum_{j=2}^{i}\Delta\tau_j\right)^2\right) \\
&= E(\Delta\tau^2) \cdot \left(w_1^2 + (i-1) \cdot w_2^2\right) \\
&\quad + E(\Delta\tau_i\Delta\tau_j) \cdot \left(2(i-1)w_1w_2 + (i-1)(i-2)w_2^2\right) \\
&= \frac{2w_1^2}{\lambda^2} + (i-1)\frac{2w_2^2 + 2w_1w_2}{\lambda^2} + (i-1)(i-2)\frac{w_2^2}{\lambda^2} \tag{5.65}
\end{aligned}$$

sowie

$$\begin{aligned}
\sigma^2 &= (E(\Delta\tau))^2 \left(w_1^2 + \frac{w_2^2 + 2w_1w_2}{1 - \Delta\lambda} + w_2^2 \cdot \frac{2\Delta\lambda}{(1 - \Delta\lambda)^2}\right) \\
&\quad + Var(\Delta\tau) \cdot \left(w_1^2 + \frac{w_2^2}{1 - \Delta\lambda}\right) \\
&= \frac{2w_1^2}{\lambda^2} + \frac{2w_2^2 + 2w_1w_2}{\lambda^2} \cdot \frac{1}{1 - \Delta\lambda} + \frac{w_2^2}{\lambda^2} \cdot \frac{2\Delta\lambda}{(1 - \Delta\lambda)^2} \\
&= \frac{2}{\lambda^2}\left(\frac{(v_2 - \bar{v}) \cdot ((v_1 + v_2 - 2\bar{v}) + \Delta\lambda(\bar{v} - v_1))}{(1 - \Delta\lambda)^2} + (\bar{v} - v_1)^2\right) \\
&= \frac{2 \cdot (v_1 - v_2)^2}{\lambda^2 \cdot (2 - \Delta\lambda)^2} = \frac{2 \cdot (v_1 - v_2)^2}{(\lambda_1 + \lambda_2)^2}. \quad \square \tag{5.66}
\end{aligned}$$

Hiermit lautet die zugehörige Drift-Diffusionsgleichung

5.14 Modellgleichung II:

$$u_t(t,x) + \bar{v}u_x(t,x) = \frac{1}{2}\epsilon\sigma^2 u_{xx}(t,x) \tag{5.67}$$

mit Drift

$$\bar{v} = \frac{\lambda_2 \cdot v_1 + \lambda_1 \cdot v_2}{\lambda_1 + \lambda_2} \tag{5.68}$$

und Diffusionskoeffizient

$$\epsilon\sigma^2 = \epsilon\frac{(v_1 - v_2)^2}{(\lambda_1 + \lambda_2)^2}. \tag{5.69}$$

5.2 Ein funktionalanalytischer Zugang

In diesem Abschnitt wollen wir untersuchen, wie Drift-Diffusions–Limites aufgrund funktionalanalytischer Kriterien hergeleitet werden können. Wir beschränken uns hier auf einen formalen Zugang und setzen Annahmen voraus (Konsistenzbedingungen, Annahmen 1, 2, 3, s. u.), unter denen asymptotische Gleichungen hergeleitet werden können. Für die Herleitung hinreichender Kriterien verweisen wir auf die entsprechende Literatur.

5.2.1 Diffusionslimes als Konsistenzbedingung

Ausgangspunkt unserer Überlegungen ist die lineare kinetische Gleichung

$$\left(\frac{\partial}{\partial t} + v\nabla_x\right) f(t,x,v) = \left(\int_G k(v,v')f(v')dv' - f(v)\right), \tag{5.70}$$

wobei wie früher $k(.,.)$ meßbar und $k(.,v')$ für alle eine Wahrscheinlichkeitsdichte auf der Menge G der zugelassenen Geschwindigkeiten ist. Im Gegensatz zu früher ist $G \subset \mathbb{R}^q$ jetzt eine kompakte Menge. (Diese Voraussetzung vereinfacht die folgenden Argumente, kann allerdings auch abgeschwächt werden.) In Verallgemeinerung zur Situation in Abschnitt 4.1.1 ist ein von v' abhängiger Stoßkern zugelassen.

Motiviert durch die Ergebnisse des vorhergehenden Abschnitts betrachten wir die reskalierte kinetische Gleichung

$$\left(\frac{\partial}{\partial t} + \frac{v-u}{\sqrt{\epsilon}}\nabla_x\right)\cdot f_\epsilon(t,x,v) = \frac{1}{\epsilon}\left(\int_G k(v|v')f_\epsilon(v')dv' - f_\epsilon(v)\right) \tag{5.71}$$

mit einem Vektor $u \in \mathbb{R}^3$, welcher später festgelegt wird (vgl. (5.78)). Wir benutzen die Abkürzung

$$J(f) := \int_G k(v|v')f(v')dv' - f(v). \tag{5.72}$$

Unsere Herleitung asymptotischer Gleichungen gründen wir auf hinreichende Annahmen, welche in einer Vielzahl von Fällen streng begründet werden können.

5.15 Annahme 1: (a) In einer geeigneten Topologie gilt $f_\epsilon \to f_0$ und $J(f_\epsilon) \to J(f_0)$; (b) alle im folgenden benötigten Limites existieren, insbesondere auch $\sqrt{\epsilon}\partial_t + (v-u)\nabla_x)f_\epsilon$.

Hieraus folgt

$$J(f_0) = \lim J(f_\epsilon) = \lim \sqrt{\epsilon}\left(\sqrt{\epsilon}\frac{\partial}{\partial t} + (v-u)\nabla_x\right)f_\epsilon = 0. \tag{5.73}$$

Damit ist $f_0(t,x,.) \in \ker(J)$ für alle (t,x). Es sei $V = L^p(G)$, $1 \le p < \infty$, ein geeigneter Banachraum.

5.16 Annahme 2: $\ker(J)$ wird von einer einzigen nichtnegativen integrierbaren Funktion $\Phi = \Phi(v) \in V \cap L^1(\mathbb{R}^3)$ aufgespannt. Φ sei so gewählt, daß $\int_G \Phi(v)dv = 1$. (Φ wird "stationäre Lösung" genannt.)

(Ein nützliches Hilfsmittel zum Nachweis von Annahme 2 ist der Satz von Krein–Rutman, vgl. Anhang B, insbes. Beispiel B.41 a).) Unter der Annahme 2 kann f_0 nur von folgender Form sein:

$$f_0(t,x,v) = q(t,x)\Phi(v). \tag{5.74}$$

Da $k(., v')$ für alle v' eine W-Dichte ist, gilt

$$\int_G J(f)(v)dv = \int_G \int_G k(v|v')f(v')dv'dv - \int_G f(v)dv = 0 \qquad (5.75)$$

für beliebige integrierbare Funktionen f (Massenerhaltung). Durch Integration der kinetischen Gleichung erhalten wir damit

$$\frac{\partial}{\partial t}\int_G f_\epsilon(v)dv + \frac{1}{\sqrt{\epsilon}}\sum_{j=1}^{3}\frac{\partial}{\partial x_j}\int_G (v-u)_j f_\epsilon(v)dv = 0 \qquad (5.76)$$

$$\approx \frac{\partial}{\partial t}q(t,x)\cdot\int_G \Phi(v)dv + \frac{1}{\sqrt{\epsilon}}\sum_{j=1}^{3}\frac{\partial}{\partial x_j}q(t,x)\cdot\int_G (v-u)_j\Phi(v)dv \quad \text{für } \epsilon \to 0.$$

Im Limes $\epsilon \to 0$ bleibt der zweite Summand nur beschränkt, falls

$$\int_G (v-u)\Phi(v)dv = 0. \qquad (5.77)$$

In Gleichung (5.71) muß daher u als Erwartungswert von v bzgl. Φ gewählt werden:

$$u = \int_G v\Phi(v)dv. \qquad (5.78)$$

Eine Diffusionsgleichung für $q(.,.)$ kann nun wie folgt hergeleitet werden. Es bezeichne $V^* = L^{p'}(G)$ den Dualraum von V (wobei p' mit p verknüpft ist durch $1/p + 1/p' = 1$). Wir schreiben $\langle w^*, v \rangle := w^*(v)$ für $w^* \in V^*$. Aus der kinetischen Gleichung (5.71) folgt für $w^* \in V^*$

$$\sqrt{\epsilon}\langle w^*, \frac{\partial}{\partial t}f_\epsilon\rangle + \langle w^*, (v-u)\nabla_x f_\epsilon\rangle = \frac{1}{\sqrt{\epsilon}}\langle w^*, J(f_\epsilon)\rangle. \qquad (5.79)$$

5.17 Annahme 3: Für $j = 1, 2, 3$ existiert eine Lösung $D_j^* \in V^*$ des "adjungierten Problems"

$$\langle D_j^*, J(f)\rangle = \langle (v-u)_j, f\rangle \text{ für alle } f \in V. \qquad (5.80)$$

(Hierbei wird die Funktion $v \to (v-u)_j$ als Element in V^* interpretiert. Dies ist dadurch gerechtfertigt, daß der Geschwindigkeitsbereich G als beschränkt vorausgesetzt ist.) Es ist

$$\langle (v - u)_j, f \rangle = \int_G (v - u)_j f(v) dv. \tag{5.81}$$

Aus (5.79) und (5.80) folgt

$$\frac{1}{\sqrt{\epsilon}} \int_G (v - u)_j f_\epsilon dv = \frac{1}{\sqrt{\epsilon}} \langle D_j^*, J(f_\epsilon) \rangle$$

$$= \sqrt{\epsilon} \int_G D_j^* \frac{\partial}{\partial t} f_\epsilon dv + \int_G (v - u) \nabla_x f_\epsilon D_j^* dv. \tag{5.82}$$

Formales Einsetzen in die integrierte Version der kinetischen Gleichung liefert für $\epsilon \to 0$

$$\frac{\partial}{\partial t} \int_G f_0 dv + \sum_{j=1}^{3} \frac{\partial}{\partial x_j} \int_G (v - u) \nabla_x f_0 D_j^* dv = 0, \tag{5.83}$$

also

$$q_t = \nabla_x^T A \nabla_x q \tag{5.84}$$

mit $A = (a_{ij})_{i,j=1}^3$,

$$a_{ij} = - \int_G D_i^*(v)(v - u)_j \Phi(v) dv. \tag{5.85}$$

Dies ist eine Diffusionsgleichung, falls gezeigt werden kann, daß A positiv definit ist. Dies wollen wir im folgenden Abschnitt an zwei Beispielen untersuchen.

5.2.2 Die Diffusionskoeffizienten

Die nächsten Zeilen dienen dazu, anhand von Beispielen festzustellen, daß Gleichung (5.84) eine Diffusionsgleichung beschreibt, und zu demonstrieren, wie die Diffusionskoeffizienten praktisch berechnet werden können.

Nach Definition der Klammer $\langle ., . \rangle$ ist

$$\langle D_j^*, J(f) \rangle = \int_G D_j^*(v) \left(\int_G k(v|v') f(v') dv' - f(v) \right) dv \tag{5.86}$$

$$= \int_G \left(\int_G D_j^*(v') k(v'|v) dv' - D_j^*(v) \right) f(v) dv$$

$$= \left\langle \int_G D_j^*(v') k(v'|.) dv' - D_j^*, f \right\rangle.$$

Annahme 3 führt damit auf die Integralgleichungen

$$D_j^*(v) = -(v-u)_j + \int_G D_j^*(v')k(v'|v)dv'. \tag{5.87}$$

Zusätzlich zur Berechnung dieser Integralgleichungen muß zur Bestimmung der Diffusionskoeffizienten a_{ij} der Eigenvektor Φ von J bestimmt werden.

Zu klären ist insbesondere die Frage der positiven Definitheit der Matrix A. Wir verzichten an dieser Stelle auf eine möglichst allgemeine Theorie und beschränken uns auf zwei Beispiele, bei denen die Berechnung der a_{ij} einfach und der Nachweis der positiven Definitheit von A leicht herzuleiten ist.

5.18 Beispiel 1: $k(v',v) := m(v)$ mit m wie in Gleichung (5.1) und $\int_G v \cdot m(v)dv = 0$; hier ist $\Phi = m$, und die Integralgleichungen lauten

$$D_j^*(v) = -v_j + \int_G D_j^*(v')m(v')dv' \tag{5.88}$$

mit der Lösung $D_j^*(v) = -v_j$. Die Diffusionskoeffizienten sind daher

$$a_{ij} = \int_G v_i v_j m(v)dv \tag{5.89}$$

(wie bereits aus dem Stochastik-Teil bekannt). $A = (a_{ij})_{i,j=1}^3$ ist positiv definit, denn für beliebige Vektoren $\eta \neq 0$ ist

$$\eta^T A\eta = \int_G \langle \eta, v\rangle^2 m(v)dv > 0, \tag{5.90}$$

da $m(.)$ eine Wahrscheinlichkeitsdichte ist.

5.19 Beispiel 2: Wir betrachten ein zweidimensionales "semi-diskretes" Geschwindigkeitsmodell mit einer Menge zulässiger Geschwindigkeiten konstanten Betrags, also z.B. $G := \{(\cos\phi, \sin\phi), \phi \in [0, 2\pi)\} \in \mathbb{R}^2$. Identifizieren wir Geschwindigkeiten v mit dem zugehörigen Winkel ϕ ($\equiv \phi \bmod 2\pi$), so lautet mit

$$k(\phi, \phi') :=: \begin{cases} \frac{1}{2\alpha} \text{ falls } |\phi - \phi'| \bmod 2\pi < \alpha \\ 0 \text{ sonst.} \end{cases} \tag{5.91}$$

die kinetische Gleichung für $f = f(t, x, \phi)$

$$\left(\frac{\partial}{\partial t} + v \cdot \nabla_x\right) f(\phi) = \frac{1}{2\alpha} \int_{\phi-\alpha}^{\phi+\alpha} f(\phi')d\phi' - f(\phi). \tag{5.92}$$

Die stationäre Lösung ist $\Phi \equiv 1/2\pi$. Die Integralgleichungen lauten mit $v_1 = \cos\phi$, $v_2 = \sin\phi$

$$D_j^*(\phi) = -v_j + \frac{1}{2\alpha} \int_{\phi-\alpha}^{\phi+\alpha} D_j^*(\phi')d\phi'. \tag{5.93}$$

Ansätze der Form $A\cos\phi + B\sin\phi$ führen auf

$$D_1^*(\phi) = \frac{-\alpha}{\alpha - \sin\alpha} \cos\phi, \quad D_2^*(\phi) = \frac{-\alpha}{\alpha - \sin\alpha} \sin\phi. \tag{5.94}$$

Für die Diffusionskoeffizienten ergibt sich $a_{11} = a_{22} = \frac{\alpha}{2(\alpha-\sin\alpha)} > 0$ sowie $a_{12} = a_{21} = 0$. Damit ist A eine Diagonalmatrix mit strikt positiven Diagonalelementen, also positiv definit.

Die Frage der positiven Definitheit von A wollen wir hier nicht weiter erörtern; für eine große Klasse von Stoßkernen $k(.,.)$ ist ihr Nachweis allerdings ein mittlerweile klassisches Resultat (vgl. [34]). Für ein Anwendungsbeispiel in einem verwandten Problem vergleiche Abschnitt 7.2.

Kapitel 6

Strömungsdynamische Limites

Ein allgemeiner Weg zur Herleitung asymptotischer Gleichungen, wie er in Kapitel 5 für lineare Gleichungen umrissen wurde, existiert im Fall der nichtlinearen Boltzmann-Gleichung bis heute nicht. Um dennoch einen Anknüpfungspunkt an den linearen Fall zu erhalten, skizzieren wir kurz den formalen Zugang, der durch die klassischen Entwicklungen von Hilbert und Chapman/Enskog gegeben ist.

6.1 Die Euler-Gleichungen

Eine Boltzmann-Gleichung für kleine Knudsen-Zahlen $\epsilon > 0$ erhalten wir analog zum linearen Fall durch die Reskalierung

$$\left(\frac{\partial}{\partial t} + v \cdot \nabla_x \right) f(t,x,v) = \frac{1}{\epsilon} J(f,f)(t,x,v \tag{6.1}$$

$$= \frac{1}{\epsilon} \left(\int_{\mathrm{IR}^3} \int_{S^2} k(v-w,\eta)\{f(t,x,v')f(t,x,w') - f(t,x,v)f(t,x,w)\}d\omega(\eta)d^3w \right).$$

Den einfachsten Zugang zur Strömungsdynamik bildet eine formale Reihenentwicklung bezüglich ϵ, wie er durch die *Hilbert-Entwicklung* gegeben ist. Diese soll hier kurz dargestellt werden.

Unter $J(f,g)$ wollen wir im folgenden den in den Argumenten f und g symmetrischen Operator

$$J(f,g)(v) \tag{6.2}$$

$$= \frac{1}{2} \int_{\mathrm{IR}^3} \int_{S^2} k(v - w, \eta)\{f(v')g(w') + g(v')f(w') - f(v)g(w) - g(v)f(w)\}d\omega(\eta)d^3 w$$

verstehen.

Eine Untersuchung des asymptotischen Verhaltens der Lösungen f_ϵ für $\epsilon \to 0$ erfolgt durch die formale Reihenentwicklung

$$f_\epsilon(t, x, v) := \sum_{n=0}^{\infty} \epsilon^n f_n(t, x, v) \tag{6.3}$$

mit ϵ-unabhängigen Koeffizienten f_n. Einsetzen und Ordnen nach Potenzen ergibt

$$\sum_{n=0}^{\infty} \epsilon^n \left(\frac{\partial}{\partial t} + v \cdot \nabla_x \right) f_n = \sum_{n=0}^{\infty} \epsilon^{n-1} \cdot \sum_{i=0}^{n} J(f_i, f_{n-i}). \tag{6.4}$$

Wir setzen die Terme auf der linken und der rechten Seite, welche zu gleichen Potenzen von ϵ gehören, gleich und erhalten für ϵ^{-1}

$$J(f_0, f_0) = 0 \tag{6.5}$$

sowie für ϵ^{n-1}, $n \geq 1$

$$\left(\frac{\partial}{\partial t} + v \cdot \nabla_x \right) f_{n-1} = \sum_{i=0}^{n} J(f_i, f_{n-i}). \tag{6.6}$$

Aus $J(f_0, f_0) = 0$ folgt (vgl. Abschnitt 2.2.2), daß $f_0(t, x, .)$ für alle (t, x) eine Maxwell-Funktion ist:

$$f_0(t, x, v) = \frac{\rho}{(2\pi T)^{3/2}} \cdot \exp \left(-\frac{(v - u)^2}{2T} \right) \tag{6.7}$$

mit der Dichte $\rho = \rho(t, x)$, der Strömungsgeschwindigkeit $u = u(t, x)$ und der Temperatur $T = T(t, x)$. Die zeitliche Entwicklung der Momente ρ, u und T ergibt sich erst aus der nächsten Gleichung.

Die Gleichung zur ersten Potenz ϵ^1 lautet

$$\left(\frac{\partial}{\partial t} + v \cdot \nabla_x \right) f_0 = 2J(f_1, f_0). \tag{6.8}$$

Zu einer gegebenen Maxwell-Funktion $f_0(v) := f_0(t, x, v)$ in einem festen Punkt (t, x) definieren wir den linearen Operator $L(.) := 2J(., f_0)$. Mit der Definitionsgleichung (6.2) ist

$$L f(v) \tag{6.9}$$
$$= \int_{\mathrm{IR}^3} \int_{S^2} k(v - w, \eta)(f_0(v')f(w') + f(v')f_0(w') - f_0(v)f(w) - f(v)f_0(w))d\omega(\eta)d^3 w.$$

(L heißt auch der um die Maxwellfunktion f_0 *linearisierte Boltzmann-Stoßoperator* .) Wir interpretieren L als Operator auf dem gewichteten L^2-Hilbertraum H mit dem Skalarprodukt

$$\langle f, g \rangle = \int_{\mathrm{IR}^3} f_0^{-1}(v)f(v)g(v)dv. \tag{6.10}$$

6.20 Eigenschaften von L**:** a) L ist auf H selbstadjungiert, d.h. L ist beschränkt, und der zu L adjungierte Operator L^* ist gleich L.

b) Kern von L: Es seien ψ_i, $i = 0 \ldots 4$ die fünf Basis-Kollisionsinvarianten, d.h. $\psi_0 = 1$, $\psi_i = v_i$, $i = 1, 2, 3$, und $\psi_4 = v^2$ (vgl. Abschnitt 2.2.1). Der Kern ker(L) wird von den $\psi_i f_0$ aufgespannt, d.h. es ist

$$\ker(L) = \mathrm{span}(\psi_i f_0, i = 0, \ldots, 4). \tag{6.11}$$

c) Wertebereich von L: Der Wertebereich $R(L)$ ist das orthogonale Komplement von $\ker(L)$, d.h.

$$R(L) = \left\{ f : \int f \cdot \psi_i dv = 0, i = 0, \ldots, 4 \right\} = \{ f : \langle f, \psi_i \cdot f_0 \rangle = 0 \} = \ker(L)^\perp. \tag{6.12}$$

Ein vollständiger Beweis von 6.1 würde den Rahmen dieses Buches überschreiten; wir verweisen auf [28]. Beweise von Teilaussagen sind Thema der nächsten Aufgabe.

6.21 Aufgabe: a) Zeigen Sie, daß $\mathrm{span}(\psi_i f_0, i = 0 \ldots 4) \subset \ker(L)$.

b) Zeigen Sie, daß $R(L) \subset \ker(L)^\perp$.

c) Es seien $\bar\psi_0 \equiv 1$, $\bar\psi_i := v_i - u_i$, $i = 1, 2, 3$ sowie $\bar\psi_4 := |v - u|^2 - 3T$. Zeigen Sie, daß $\bar\psi_i f_0$, $i = 0 \ldots 4$, eine Orthogonalbasis von ker(L) ist.

6.22 Bemerkung: Aus den Eigenschaften 6.1 folgt leicht, daß für die Lösung der Gleichung $L(f) = g$ die *Fredholm-Alternative* gilt: Die Gleichung ist für vorgegebenes g genau dann lösbar, wenn g senkrecht auf $\ker(L^*) = \ker(L)$ steht, wenn also $g \in R(L)$. In diesem Fall existiert eine eindeutige Lösung in $R(L)$. Dies machen wir uns im folgenden zunutze.

Mit P werde die orthogonale Projektion auf $\ker(L)$ bezeichnet. Jedes $f \in H$ kann geschrieben werden in der Form $f = Pf + (\mathrm{id} - P)f =: \eta + \phi$ mit $\eta = Pf \in \ker(L)$ und $\phi = (\mathrm{id} - P)f \in R(L)$. Nach Bemerkung 6.4 ist die Einschränkung von L auf $R(L)$,

$$L\big|_{R(L)} : R(L) \longrightarrow R(L) \tag{6.13}$$

bijektiv, besitzt also insbesondere eine stetige Inverse L^{-1}.

Zur Vereinfachung der Schreibweise führen wir im folgenden die Abkürzung

$$D := (\partial/\partial t + v \cdot \nabla_x) \tag{6.14}$$

ein. Durch Anwendung der Projektionen P und $\mathrm{id} - P$ zerlegen wir wie oben die Glieder der Reihenentwicklung in $f_n =: \eta_n + \phi_n$. Die Gleichung der Reihenentwicklung (6.3) für ϵ^{-1} lautet damit:

$$\phi_0 \equiv 0. \tag{6.15}$$

Die Gleichung für ϵ^0 ist

$$Df_0 = Lf_1. \tag{6.16}$$

Die Anwendung von P ergibt

$$PD\eta_0 = PDf_0 = PLf_1 = 0, \tag{6.17}$$

da $Lf_1 \in R(L) = \ker(L)^\perp$. Dies ist eine Bestimmungsgleichung für η_0. Wegen $L\eta_1 = 0$ erhalten wir auch die Bestimmungsgleichung für ϕ_1:

$$\phi_1 = L^{-1}Df_0. \tag{6.18}$$

Ähnliche Gleichungen können für η_n und ϕ_n mit höheren Indizes aufgestellt werden.

Wegen $PDf_0 = PD\eta_0$ ist nach der Fredholm-Alternative (Bemerkung 6.4) die Gleichung $PD\eta_0 = 0$ notwendig und hinreichend zur Lösbarkeit der Gleichung $\phi_1 = L^{-1}D\eta_0$. Sie ist äquivalent zu

$$\langle \psi_i f_0, D\eta_0 \rangle = \int \psi_i \cdot D\eta_0 dv = 0 \tag{6.19}$$

für die fünf Kollisionsinvarianten ψ_i. Da η_0 eine Maxwell-Funktion ist, führen diese Gleichungen (nach Vertauschung von Integration und Differentiation) gerade auf die *Euler-Gleichungen*, wie in Abschnitt 2.2.3 gezeigt wurde. Damit ergeben sich die Euler-Gleichungen für den führenden Term der Reihenentwicklung als notwendige Bedingung für eine Reihenentwicklung in ϵ. Das Hinzufügung von Termen höherer Ordnung in der Reihenentwicklung führt auf Korrekturen durch *linearisierte Euler-Gleichungen*.

Zusammenfassend ergibt sich somit folgendes Bild.

6.23 Zusammenfassung und Bemerkungen *(Hilbert-Entwicklung)*: a) Notwendig für eine in ϵ entwickelbare Lösung f_ϵ sind die Bedingungen (6.20) für den führenden Term, welche äquivalent zu den Euler-Gleichungen sind. Hinreichende Bedingungen, welche die Konvergenz der Reihe (6.3) sicherstellen, sind i.a. nicht bekannt. Verwiesen sei in diesem Zusammenhang jedoch auf die Arbeit [26], in welcher mit Hilfe eines ähnlichen Reihenansatzes Lösungen der Boltzmann-Gleichung "in der Nähe" von Lösungen der Euler-Gleichungen konstruiert wurden.

b) Der Reihenansatz (6.3) führt formal auf eine fünf-parametrige Schar von Lösungen ("*Hilbert-Klasse*"), welche eindeutig definiert ist durch die ersten fünf Momente der Anfangsbedingungen. Es ist nicht zu erwarten, daß diese zu Lösungen zu vorgegebenen Anfangsbedingungen und zu Randbedingungen an eventuell vorhandenen Rändern "passen". Bei der Modellierung von Anwendungen wird gelegentlich versucht, dies durch die Einführung von Anfangsstörungen ("initial layer"), welche schnell in die Hilbert-Klasse konvergieren, bzw. durch Randschichten ("boundary layers") zu berücksichtigen.

c) Mit dem Ansatz (6.3) ist es nicht möglich, die Navier-Stokes-Gleichungen als Approximation der Boltzmann-Gleichung zu erhalten.

6.24 Aufgabe (*Carleman-Modell*): Eine Reihenentwicklung im Sinne des Hilbert-Ansatzes soll auf das Carleman-Modell (vgl. Beispiel 1.27) angewandt werden.

a) Berechnen Sie alle nichtnegativen Gleichgewichtsverteilungen.

b) Zeigen Sie: Die Reihenentwicklung nach ϵ führt auf die Konsistenzbedingung ("Euler-Gleichungen") für die Terme $f_{\pm 1}^{(0)}$ nullter Ordnung

$$f_{-}^{(0)}(t,x) = f_{+}^{(0)}(t,x) \equiv \text{const.} \tag{6.20}$$

6.2   Die kompressiblen Navier-Stokes-Gleichungen

Ein alternativer – wenngleich ebenfalls formaler – Ansatz wurde in Arbeiten von S. Chapman [31] und D. Enskog [39] vorbereitet; er ist heute als Chapman-Enskog-Methode bekannt.

Die Chapman-Enskog-Entwicklung erhält man, indem man zwar den Fluktuationsanteil $\phi \in R(L)$ von f nach ϵ entwickelt, nicht aber den strömungsdynamischen Anteil $\eta \in \ker(L)$. Wir gehen aus von einem Ansatz für f_ϵ der Form

$$f_\epsilon = M_\epsilon + \sum_{n=1}^{N} \epsilon^n \phi_n \tag{6.21}$$

mit

$$M_\epsilon(t,x,v) = \frac{\rho(t,x)}{(2\pi T(t,x))^{3/2}} \exp\left(-\frac{(v-u(t,x))^2}{2T(t,x)}\right), \tag{6.22}$$

wobei die Momente ρ, u, T von ϵ abhängen, und den Funktionen $\phi_n \in R(L)$. ($L = L_\epsilon$ bezeichne hierbei den um M_ϵ linearisierten Stoßoperator.) Die Anwendung der Projektion (id $- P$) führt auf die Gleichung

$$(\text{id} - P)DM_\epsilon + \epsilon(\text{id} - P)D\phi_1 + \cdots = L\phi_1 + \epsilon((\text{id} - P)J(\phi_1,\phi_1) + L\phi_2) + \cdots. \tag{6.23}$$

Gleichsetzen der Terme mit gleicher Potenz von ϵ führt auf die Gleichungen

$$(\text{id} - P)DM_\epsilon = L\phi_1, \tag{6.24}$$

$$(\mathrm{id} - P)D\phi_1 \;=\; L\phi_2 + (\mathrm{id} - P)J(\phi_1, \phi_1), \tag{6.25}$$

$$\vdots \tag{6.26}$$

mit den Lösungen

$$\phi_1 \;=\; L^{-1}(\mathrm{id} - P)DM_\epsilon, \tag{6.27}$$

$$\phi_2 \;=\; L^{-1}(\mathrm{id} - P)(D\phi_1 - J(\phi_1, \phi_1)), \tag{6.28}$$

$$\vdots \tag{6.29}$$

Die Anwendung von P auf die Reihenentwicklung führt auf

$$PDM_\epsilon = -PD(\epsilon\phi_1 + \epsilon^2\phi_2 + \epsilon^3\phi_3 + \cdots). \tag{6.30}$$

6.25 Bemerkung: Die Gleichungen (6.27)–(6.29) erlauben uns, die Fluktuationsanteile ϕ_i formal als Funktionen von M_ϵ (einschließlich der Ableitungen von M_ϵ) zu schreiben:

$$\phi_1 = L^{-1}(\mathrm{id} - P)DM_\epsilon =: \mathcal{F}_1 M_\epsilon, \quad \phi_2 =: \mathcal{F}_2 M_\epsilon, \quad \ldots. \tag{6.31}$$

Die Gleichung (6.30) erscheint dadurch formal in der Gestalt

$$PDM_\epsilon = -PD(\epsilon\mathcal{F}_1 + \epsilon^2\mathcal{F}_2 + \cdots)M_\epsilon, \tag{6.32}$$

d.h. im Chapman-Enskog-Ansatz wird der Stoßoperator in eine Reihe nach ϵ entwickelt. In diesem Sinne mag die Aussage von H. Grad verstanden werden, daß die Chapman-Enskog-Methode eher eine Methode zur Entwicklung der Boltzmann-Gleichung als zur Entwicklung ihrer Lösungen ist [43].

Je nachdem, bis zur wievielten Potenz die Terme auf der rechten Seite berücksichtigt werden, ergeben sich nun verschiedene Approximationen der Boltzmann-Gleichung.

6.26 Bemerkung: Die Gleichung

$$PDM_\epsilon = 0 \tag{6.33}$$

ist äquivalent zu den *Euler-Gleichungen*; der Ansatz

$$PDM_\epsilon = -\epsilon PD\phi_1 \tag{6.34}$$

führt auf die *kompressiblen Navier-Stokes-Gleichungen*, während

$$PDM_\epsilon = -\epsilon PD\phi_1 - \epsilon^2 PD\phi_2 \tag{6.35}$$

auf die *Burnett-Gleichungen* führt, etc.

An dieser Stelle wollen wir uns mit der Diskussion der Navier-Stokes-Gleichungen begnügen. Ihre explizite Form erhält man durch Auswertung der Gleichung (6.34), also mit der Berechnung der Gleichungen

$$\langle \psi_i M_\epsilon, DM_\epsilon \rangle = -\epsilon \cdot \langle \psi_i M_\epsilon, D\phi_1 \rangle \tag{6.36}$$

für die fünf Kollisionsinvarianten $\psi_i, i = 0 \ldots 4$. Mit der Bestimmungsgleichung (6.27) für ϕ_1 folgt

$$\int \psi_i DM_\epsilon dv = -\epsilon \cdot \int \psi_i DL^{-1}(\mathrm{id} - P)DM_\epsilon dv. \tag{6.37}$$

6.27 Lemma: a) Die linke Seiten von (6.37) sind äquivalent zu den linken Seiten der Euler-Gleichungen.

b) Für die rechten Seiten gilt

$$\int \psi_i DL^{-1}(\mathrm{id} - P)DM_\epsilon dv = \nabla_x \cdot \int v\psi_i L^{-1}(\mathrm{id} - P)DM_\epsilon dv, \tag{6.38}$$

und es ist

$$\nabla_x \cdot \int v\psi_0 L^{-1}(\mathrm{id} - P)DM_\epsilon dv = 0. \tag{6.39}$$

Beweis: Aussage a) folgt unmittelbar nach Vertauschen von Differentiation und Integration. Zu b) bemerken wir, daß

$$\int \psi_i DL^{-1}(\mathrm{id} - P)DM_\epsilon dv = \tag{6.40}$$

$$\frac{\partial}{\partial t} \int \psi_i L^{-1}(\mathrm{id} - P)DM_\epsilon dv + \nabla_x \cdot \int v\psi_i L^{-1}(\mathrm{id} - P)DM_\epsilon dv.$$

Der erste Term auf der rechten Seite ist gleich

$$\frac{\partial}{\partial t} \langle \psi_i M_\epsilon, L^{-1}(\mathrm{id} - P)DM_\epsilon \rangle \tag{6.41}$$

und verschwindet, da da $L^{-1}(\mathrm{id} - P)DM_\epsilon \in R(L) \perp \ker(L)$. Aus dem gleichen Grund verschwindet wegen $v\psi_0 = (\psi_1, \psi_2, \psi_3)^T$ der zweite Term im Fall $i = 0$. $\qquad\square$

Zur Berechnung von (6.38) bleibt die Auswertung der Integrale

$$\int v_j \psi_i L^{-1}(\mathrm{id} - P)DM_\epsilon dv. \tag{6.42}$$

6.28 Lemma: Es ist

$$(\mathrm{id} - P)DM_\epsilon = (\mathrm{id} - P)(v \cdot \nabla_x M_\epsilon). \tag{6.43}$$

Mit Hilfe der Ausdrücke

$$A_{ijk} := \int v_j \psi_i L^{-1}(\mathrm{id} - P)\left(v\frac{\partial M_\epsilon}{\partial u_k}\right) dv \tag{6.44}$$

sowie

$$B_{ij} := \int v_j \psi_i L^{-1}(\mathrm{id} - P)\left(v\frac{\partial M_\epsilon}{\partial T}\right) dv \tag{6.45}$$

lassen sich die obigen Integrale in der Form schreiben

$$\int v_j \psi_i L^{-1}(\mathrm{id} - P)DM_\epsilon dv = \sum_{k=1}^{3} A_{jk}^i \cdot \nabla_x u_k + B_j^i \cdot \nabla_x T. \tag{6.46}$$

Beweis: Nach der Kettenregel für die Differentiation ist

$$DM_\epsilon = \frac{\partial M_\epsilon}{\partial \rho} \cdot D\rho + \sum_{i=1}^{3} \frac{\partial M_\epsilon}{\partial u_i} \cdot Du_i + \frac{\partial M_\epsilon}{\partial T} \cdot DT. \tag{6.47}$$

Außerdem sieht man leicht, daß

$$\frac{\partial M_\epsilon}{\partial \rho}, \frac{v_j \cdot \partial M_\epsilon}{\partial \rho}, \frac{\partial M_\epsilon}{\partial u_i}, \frac{\partial M_\epsilon}{\partial T} \in \ker(L) \tag{6.48}$$

(vgl. Aufgabe 6.10 a)). Daher ist

$$\frac{\partial}{\partial t} M_\epsilon \in \ker(L) \tag{6.49}$$

und somit $(\mathrm{id}\,-P)DM_\epsilon = (\mathrm{id}\,-P)(v\cdot\nabla_x M_\epsilon)$. Damit verschwinden sämtliche Zeitableitungen, und für $\psi_i, i = 1\ldots 4$, bleibt übrig:

$$\int v_j\psi_i L^{-1}(id - P)DM_\epsilon\,dv \tag{6.50}$$

$$= \sum_{k=1}^{3}\nabla_x u_k \cdot \int v_j\psi_i L^{-1}(id - P)\left(v\frac{\partial M_\epsilon}{\partial u_k}\right)dv + \nabla_x T \cdot \int v_j\psi_i L^{-1}(id - P)\left(v\frac{\partial M_\epsilon}{\partial T}\right)dv$$

$$= \sum_{k=1}^{3}A_{ijk}\cdot\nabla_x u_k + B_{ij}\cdot\nabla_x T$$

(vgl. Aufgabe 6.10 b)). $\square$

6.29 Aufgabe: a) Berechnen Sie

$$\frac{\partial M_\epsilon}{\partial\rho},\ \frac{v_j\cdot\partial M_\epsilon}{\partial\rho},\ \frac{\partial M_\epsilon}{\partial u_i},\ \frac{\partial M_\epsilon}{\partial T} \tag{6.51}$$

und zeigen Sie, daß diese in $\ker(L)$ liegen.

b) Berechnen Sie $(\mathrm{id}\,-P)DM_\epsilon$ und verifizieren Sie die Rechnungen in Gleichung (6.50).

6.30 Hinweise: a) Man beachte, daß A^i_{jk} vektorwertig ist mit den Koeffizienten $\int v_j\psi_i L^{-1}(\mathrm{id}\,-P)\left(v_l\frac{\partial M_\epsilon}{\partial u_k}\right)dv$, $l = 1,2,3$. Entsprechendes gilt für B^i_j.

b) Wir ersetzen im folgenden den Ausdruck $\sum_{j=1}^{3}\partial/\partial x_j A^i_{jk}\nabla_x u_k$ durch die abkürzende symbolische Schreibweise $\nabla_x A^i_k \cdot \nabla_x u_k$ und bezeichnen mit $\nabla_x\mathcal{A}\nabla_x u$ den Vektor mit den Koeffizienten $\sum_{k=1}^{3}\nabla_x A^i_k \cdot \nabla_x u_k$, $i = 1,\ldots,3$ sowie $\nabla_x A^4\nabla_x u := \sum_{k=1}^{3}\nabla_x A^4_k \cdot \nabla_x u_k$. Entsprechend definieren wir $\nabla_x\mathcal{B}\nabla_x T$ als den Vektor mit den Koeffizienten $\sum_{j=1}^{3}\partial/\partial x_j B^i_j \cdot \nabla_x T$ sowie $\nabla_x B^4\nabla_x T := \sum_{j=1}^{3}\partial/\partial x_j B^4_j \cdot \nabla_x T$.

Wir fassen unsere bisherigen Ausführungen zusammen.

6.31 Zusammenfassung: Der formale Ansatz (6.21) führt für N=1 auf die Gleichungen für die strömungsdynamischen Variablen ρ, u und T

$$\frac{\partial}{\partial t}\rho + \nabla_x(\rho\cdot u) = 0, \tag{6.52}$$

$$\frac{\partial}{\partial t}(\rho\cdot u) + \nabla_x(\rho u\otimes u + p) = \epsilon\left(\nabla_x\mathcal{A}\nabla_x u + \nabla_x\mathcal{B}\nabla_x T\right), \tag{6.53}$$

$$\frac{\partial}{\partial t}\left(\rho \cdot T + \frac{1}{2}\rho \cdot |u|^2\right) + \nabla_x \left(\rho u \cdot (\frac{1}{2}|u|^2 + T) + up\right) = \epsilon \left(\nabla_x A^4 \nabla_x u + \nabla_x B^4 \nabla_x T\right) \tag{6.54}$$

Bezeichne $V := v - u$. Man überzeugt sich leicht, daß

$$v_i \frac{\partial M_\epsilon}{\partial u_k} \sim v_i \cdot V_k \cdot M_\epsilon, \quad v_i \frac{\partial M_\epsilon}{\partial T} \sim v_i \cdot |V|^2 \cdot M_\epsilon. \tag{6.55}$$

Für die weitere Auswertung, insbesondere die Anwendung von L^{-1} verweisen wir auf [28, Chap. V.3]. Es sind $(V_{ik} - 1/3|V|^2 \cdot \delta_{ik})M_\epsilon$ sowie $V_i(V_2 - 5T)M_\epsilon$ in $R(L)$, und es gilt

$$L^{-1}(V_i V_k - \frac{1}{3}|V|^2 \delta_{ik})M_\epsilon = \frac{A(V,T)}{\rho} \cdot (V_i V_k - \frac{1}{3}|V|^2 \delta_{ik})M_\epsilon \tag{6.56}$$

sowie

$$L^{-1}[V_i(|V|^2 - 5T)M_\epsilon] = V_i \cdot B(V,T)M_\epsilon. \tag{6.57}$$

Dies liefert zusätzliche Beiträge p_{ij}^ϵ zum Drucktensor und q_i^ϵ zum Wärmeflußvektor:

$$p_{ij}^\epsilon = -\epsilon\mu \left(\left(\frac{\partial u_i}{\partial x_j} + \frac{\partial u_j}{\partial x_i}\right) + \frac{2}{3}\delta_{ij}(\nabla_x \cdot u)\right), \tag{6.58}$$

$$q_i^\epsilon = -\epsilon\kappa \frac{\partial T}{\partial x_i}. \tag{6.59}$$

Insgesamt ergeben sich die Navier-Stokes-Gleichungen als

$$\frac{\partial}{\partial t}\rho + \nabla_x(\rho \cdot u) = 0, \tag{6.60}$$

$$\frac{\partial}{\partial t}(\rho \cdot u) + \nabla_x \left(\rho u \otimes u + p\right) = \epsilon\mu \left(\Delta_x u + \frac{1}{3}\nabla_x(\nabla_x \cdot u)\right), \tag{6.61}$$

$$\frac{\partial}{\partial t}\left(\rho \cdot T + \frac{1}{2}\rho \cdot |u|^2\right) + \nabla_x \left(\rho u \cdot (\frac{1}{2}|u|^2 + T) + up\right) = \epsilon\kappa\Delta_x T \tag{6.62}$$

mit dem Viskositätskoeffizient μ und dem Wärmeleitkoeffizient κ, welche durch gewisse Integrale von A und B bestimmt sind.

6.32 Aufgabe (*Carleman-Modell*): Gesucht ist die "Navier-Stokes-Gleichung" für das

Carleman-Modell (vgl. Beispiel 1.27 a) sowie Aufgabe 6.5).

a) Fassen Sie Lösungen $f_\pm$ des Carleman-Modells zu einem Vektor $f = (f_+, f_-)^T$ zusammen und zeigen Sie, daß der für die Chapman-Enskog-Entwicklung relevante Ansatz ist

$$f_\epsilon = c(\epsilon) \begin{pmatrix} 1 \\ 1 \end{pmatrix} + \epsilon \cdot \phi \begin{pmatrix} 1 \\ -1 \end{pmatrix}. \tag{6.63}$$

b) Setzen Sie den Ansatz in die reskalierte Carleman-Gleichung ein und berechnen Sie die Projektion $(\mathrm{id} - P)$. Zeigen Sie, daß gilt

$$\phi(x) = -\frac{1}{2c}\frac{\partial c}{\partial x}. \tag{6.64}$$

c) Leiten Sie für $c(\epsilon, t, x)$ die Gleichung her

$$\frac{\partial c}{\partial t} = \frac{\epsilon}{2} \cdot \frac{\partial}{\partial x}\left(\frac{1}{c} \cdot \frac{\partial c}{\partial x}\right). \tag{6.65}$$

d) Berechnen Sie die stationäre, d.h. zeitunabhängige Lösung der "Navier-Stokes-Gleichung".

6.3 Die inkompressiblen Navier-Stokes-Gleichungen

Bei Gasströmen unter kleinen Strömungsgeschwindigkeiten (verglichen mit der Schallgeschwindigkeit) unterliegt die Teilchendichte nur kleinen Schwankungen und kann als konstant angesehen werden. Dies führt auf die inkompressiblen Navier-Stokes-Gleichungen, deren Herleitung hier skizziert werden soll.

6.3.1 Einige charakteristische Größen

Wie früher bezeichnen ρ, u und T die Dichte, Strömungsgeschwindigkeit sowie die Temperatur. Wir führen die reskalierten Größen

$$w := \rho u, \quad E := \frac{3\rho T}{2} + \frac{\rho |u|^2}{2} \quad \text{und} \quad z := (\rho, w, E)^T \tag{6.66}$$

ein. Wir setzen der Einfachheit halber voraus, daß die Lösung der zugehörigen Euler-Gleichungen nur von der ersten Ortskoordinate x_1 abhängt (wir setzen $x := x_1$) und daß $u = (u_1, 0, 0)^T$. (Wir setzen $u := u_1$.) Die Euler-Gleichungen lauten nach Abschnitt 2.2.3

$$\partial_t \rho + \partial_x \cdot w = 0, \tag{6.67}$$

$$\partial_t w + \frac{2}{3} \cdot \partial_x \left(\frac{w^2}{\rho} + E \right) = 0, \tag{6.68}$$

$$\partial_t E + \frac{1}{3} \partial_x \left(5 \cdot \frac{Ew}{\rho} - \frac{w^3}{\rho^2} \right) = 0, \tag{6.69}$$

also

$$\partial_t z = -\partial_x \begin{pmatrix} w \\ \frac{w^2}{2\rho} + E \\ \frac{5}{3} \cdot \frac{Ew}{\rho} - \frac{1}{3} \cdot \frac{w^3}{\rho^2} \end{pmatrix}. \tag{6.70}$$

Wir fassen diese Gleichungen zusammen in dem System

$$z_t + F_x(z) = 0. \tag{6.71}$$

Die Linearisierung um einen konstanten Zustand $z_0 = (\rho_0, w_0, E_0)^T$ führt auf die linearisierten Euler-Geichungen

$$z_t + A z_x = 0 \tag{6.72}$$

mit

$$A = \frac{\partial F(z_0)}{\partial z} = \begin{pmatrix} 0 & 1 & 0 \\ -\frac{2u^2}{3} & \frac{4u}{3} & \frac{2}{3} \\ -\frac{u}{\rho} \cdot (2p + E/3) & \frac{1}{\rho}(3p - E/3) & \frac{5u}{3} \end{pmatrix}. \tag{6.73}$$

A hat die Eigenwerte u und $u \pm c$, wobei $c = \sqrt{(5p)/(3\rho)}$ die Schallgeschwindigkeit ist. Die Eigenvektoren zu $u \pm c$ bezeichnen wir als akustische Modes. Wichtig zur Charakterisierung eines Strömungsfelds sind die folgenden Größen.

6.33 Definition: Die *Mach-Zahl* Ma ist die Strömungsgeschwindigkeit relativ zur Schallgeschwindigkeit: Ma $= |u|/c$. Die *Knudsen-Zahl* ist ein Maß für die mittlere Weglänge eines Gasteilchens zwischen zwei Stößen. Wir setzen sie hier mit der Größe ϵ gleich, welche uns bisher als Größe zur Beschreibung des strömungsdynamischen Übergangs diente. Die *Reynolds-Zahl* Re beschreibt das Verhältnis zwischen Machzahl und Knudsen-Zahl: Re $=$ Ma$/\epsilon$.

Empirische Beobachtungen führen zu der Erkenntnis, daß eine Vielzahl von Strömungsproblemen unseres Alltags durch ein vereinfachtes strömungsdynamisches Modell beschrieben werden kann.

6.34 Beobachtung: Bei Umströmungsproblemen bis Ma $= 1/3$ mit moderaten Reynoldszahlen kann in guter Näherung $\rho \equiv$ const gesetzt werden. Das ergibt die inkompressiblen Navier-Stokes-Gleichungen, bei denen die erste der Gleichung (6.60)–(6.62) ersetzt wird durch $\rho \equiv \rho_0 =$ const und $\nabla_x \cdot u = 0$.

Eine formale Herleitung wird im folgenden skizziert.

6.3.2　Herleitung aus der Boltzmann-Gleichung

Die Forderung beschränkter Reynoldszahlen im Limes $\epsilon \to \infty$ führt auf Ma $\to 0$, d.h. kleine Strömungsgeschwindigkeiten. Dies legt nahe, nach Störungen einer *globalen* Maxwell-Verteilung M zu suchen. Wir legen o.B.d.A. $\rho = 1, T = 1, u = 0$ fest und wählen den Ansatz

$$f_\epsilon = M(1 + \epsilon^r g_\epsilon). \tag{6.74}$$

Um akustische Moden – welche sich mit Schallgeschwindigkeit ausbreiten – auszuschalten, muß eine langsame Zeitskala gewählt werden. Dies führt auf die folgende reskalierte Boltzmann-Gleichung:

$$\left(\epsilon \frac{\partial}{\partial t} + v \cdot \nabla_x \right) f_\epsilon = \frac{1}{\epsilon} J(f_\epsilon, f_\epsilon). \tag{6.75}$$

Als formalen Limes erhält man die Gleichungen

$$\nabla_x \cdot u = 0, \quad \nabla_x(\rho + T) = 0. \tag{6.76}$$

Die Gleichungen für die Zeitableitungen u_t, T_t hängen von der Wahl von r ab. Für $r = 1$ gilt

$$\frac{\partial}{\partial t}u + u \cdot \nabla_x u + \nabla_x p = \mu \Delta_x u, \tag{6.77}$$

$$\frac{\partial}{\partial t}T + u \cdot \nabla_x T = \kappa \Delta_x T, \tag{6.78}$$

s. [15].

6.4 Gasflüsse bei kleinen Knudsenzahlen

6.4.1 Der Übergang Gaskinetik – Strömungsdynamik

Die Herleitungen des Übergangs von der Boltzmann-Gleichung zur Strömungsdynamik mit Hilfe von Reihenentwicklungen, wie sie in den vorangehenden Abschnitten skizziert wurden, sind lediglich formal in dem Sinne, daß es i.a. nicht möglich ist, die Konvergenz der Reihen zu etablieren. Diese Aussagen lassen sich aber als notwendige Konsistenzbedingungen zur Formulierung asymptotischer Aussagen interpretieren.

Es wurden vielfach Versuche unternommen, den Übergang von der Boltzmann-Gleichung auf die Gleichungen der Strömungsdynamik auf eine sichere mathematische Basis zu stellen. So wurde beispielsweise in [26] mit Hilfe der Hilbert-Entwicklung gezeigt, daß sich Lösungen der Boltzmann-Gleichung entlang Lösungen der Euler-Gleichungen entwickeln – bis zur Entstehung eines Schocks bei den Euler-Lösungen. In [16, 17] wurden Anstrengungen unternommen, den Übergang mathematisch streng zu sichern – allerdings ohne die erwünschte Allgemeinheit. Wenn auch den oben formulierten Zugängen die mathematische Rigorosität bzw. Allgemeinheit fehlt, so deuten doch eine Vielzahl von Überlegungen (vgl. [44]) und Erfahrungen der physikalischen Realität auf die asymptotische Äquivalenz der Navier-Stokes-Gleichungen mit der Boltzmann-Gleichung und damit auch auf die Gültigkeit der Euler-Gleichungen im Limes $\epsilon \to 0$ hin.

Beim Übergang von der kinetischen Gastheorie (*mesoskopische* Beschreibung) zur Strömungsdynamik (*makroskopische* Beschreibung) findet eine qualitative Änderung der Beschreibungsebenen statt. Da der mesoskopische Zugang charakteristische Merkmale von zwei-Teilchen-Interaktionen (Stößen) beinhaltet, ist eine Einbeziehung des (i.a. sechsdimensionalen) Orts-Geschwindigkeits-Phasenraums erforderlich. Der makroskopische Zugang beruht dagegen auf der Behandlung einiger weniger ortsabhängiger makroskopischer Observabler und ist damit von erheblich geringerer Komplexität. Nicht zuletzt bei der numerischen Simulationen spielt dieser Aspekt eine wesentliche Rolle (s.u.).

Die Änderung der Beschreibungsebenen spiegelt sich in qualitativ deutlich veränderten Merkmalen der Lösungen wider. Dies soll an folgendem numerischen Experiment verdeutlicht werden. Berechnet wird hierbei die Umströmung einer Platte bei hoher Umströmungsgeschwindigkeit und unter einem Anstellwinkel α bei abnehmenden Knudsenzahlen. Abb. 6.1 zeigt die Ergebnisse (Dichte-Profile) von Monte-Carlo-Simulationen, wie sie in Kapitel 4 beschrieben wurden. Für große Knudsen-Zahlen stellen wir ein glattes Dichteprofil mit gemäßigten Gradienten fest. Mit abnehmenden Knudsenzahlen nehmen die Gradienten in der Nähe der führenden Kante zu. Es ist wohlbekannt, daß die Lösungen der Euler-Gleichungen in dieser Situation eine Schockfront an der Oberseite der Platte in der Nähe der Kante entwickeln. Auf der Unterseite bildet sich eine Verdünnungsschicht aus. Beides kann andeutungsweise in der Monte-Carlo-Simulation für die Boltzmann-Gleichung für kleine Knudsenzahlen beobachtet werden.

6.4.2   Die numerische Kopplung Boltzmann-Gleichung – Euler- bzw. Navier-Stokes-Gleichungen

Wie bereits früher diskutiert wurde, stellt die numerische Lösung der Boltzmann-Gleichung ein Problem hoher Komplexität dar: zu lösen ist in jedem Zeitschritt Δt ein mindestens fünfdimensinales Integral, und zwar in jedem Punkt des sechsdimensionalen Phasenraums. Dagegen operieren die Euler-Gleichungen lediglich auf (vektorwertigen) Funktionen im Ortsraum. Es ist daher davon auszugehen, daß die Gleichungen der Strömungsdynamik sehr viel effizienter numerisch gelöst werden können als die Boltzmann-Gleichung. Dagegen steht, daß der Gültigkeitsbereich der strömungsdynamischen Gleichungen durch eine Vielzahl von Begrenzungen eingeschränkt ist (während weitgehend Konsens besteht, daß die Boltzmann-Gleichung das richtige globale Modell zur Beschreibung dünner Gase ist). Die Idee zur Entwicklung effizienter Verfahren – zumindest zur Berechnung von Umströmungen von Körpern bei kleinen Knudsenzahlen – besteht in einer Gebietszerlegung. Ganz grob besteht ein solches Berechnungsschema aus folgenden Schritten.

6.35 Gebietszerlegungsalgorithmus: 1) Bestimme die Gebiete Ω_{SD}, in denen die strömungsdynamischen Gleichungen Gültigkeit haben sowie die hierzu komplementären Gebiete Ω_{BG}, welche durch die Boltzmann-Gleichung beschrieben werden.

2) Entwerfe numerische Verfahren zur Berechnung der strömungsdynamischen Gleichungen in Ω_{SD} sowie der Boltzmann-Gleichung in Ω_{BG}.

3) Bestimme Randbedingungen zur Modellierung des Übergangs zwischen den Gebieten Ω_{SD} und Ω_{BG}.

4) Entwerfe ein geeignetes Iterationsverfahren zur Integration der Schritte 2), 3) und 4).

Hieraus ergeben sich als zentrale Fragestellungen die folgenden Probleme.

- Welches sind die Gültigkeitsbereiche der Strömungsdynamik, und wo ist die Boltzmann-Gleichung zu lösen?

- Wie können die Lösungen der unterschiedlichen Bereiche durch geeignete Randbedingungen miteinander gekoppelt werden? Zu beachten ist hierbei, daß der Informationsgehalt der strömungsdynamischen Lösungen wesentlich geringer ist (lediglich Informationen über die ersten Momente) als derjenige der Boltzmann-Lösungen.

Solche Fragen sind derzeit Gegenstand der aktuellen Forschung. Für einen Überblick lese man z.b. [59] sowie die darin aufgeführte Literatur.

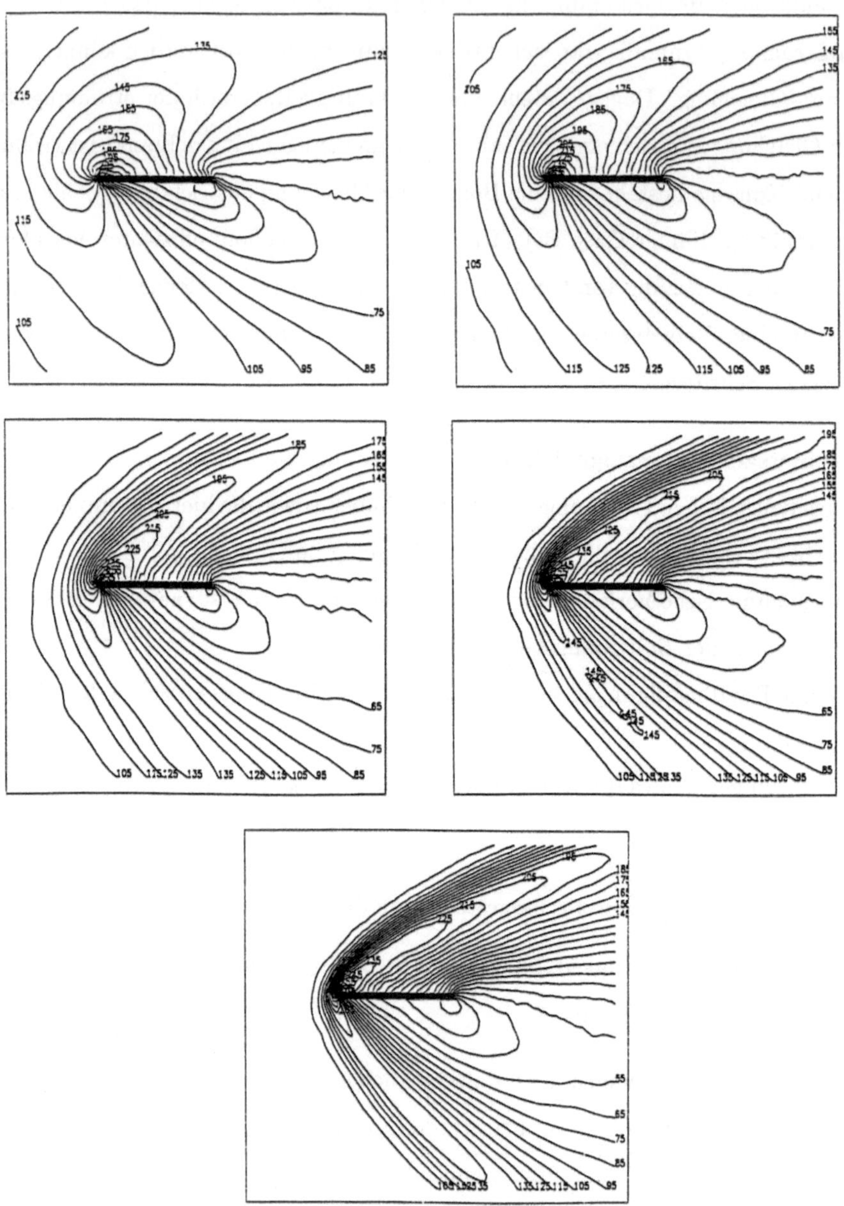

Abbildung 6.1: Umströmung einer Platte bei abnehmender Knudsen-Zahl

Kapitel 7

Kinetische Modellierung von Anwendungsproblemen

7.1 Probleme der Luft- und Raumfahrt

7.1.1 Wiedereintritt von Raumfähren in die Erdatmosphäre

Das klassische Anwendungsgebiet der Boltzmann-Gleichung ist die Theorie der *dünnen Gase*. Ein Gas ist hierbei "dünn" zu nennen, wenn eine mikroskopische Kenngröße – beispielsweise die mittlere freie Weglänge eines Gasteilchens zwischen zwei Stößen mit anderen Teilchen – in der Größenordnung einer makroskopischen Kenngröße liegt, wie z.B. der Ausdehnung oder des Krümmungsradius eines umströmten Körpers. Eine solche Situation liegt vor bei der Modellierung der Umströmung von Flugkörpern sehr hoch über der Erdoberfläche.

Eine wichtige Anwendung ist die Berechnung der Umströmung einer Raumfähre während des *Wiedereintritts in die Erdatmosphäre*. Beim Abtauchen einer Raumfähre von einer Erdumlaufbahn zur Landung auf der Erdoberfläche werden verschiedene Phasen durchlaufen. Auf der Umlaufbahn umkreist die Fähre die Erde mit hoher Geschwindigkeit (Größenordnung: 30 000 $km/h \stackrel{\wedge}{=} 8.3\ km/sec$). Dies geschieht in einer Luftschicht, welche so dünn ist, daß ihr Einfluß auf das Raumschiff nahezu vernachlässigt werden kann. Bei der Landung taucht die Fähre mit hoher Geschwindigkeit in immer dichtere Teile der Atmosphäre ein und wird hierdurch abgebremst. Schon einfache Überschlagsrechnungen zeigen (vgl. [61]), daß die Energie, welche bei der Abbremsung frei wird, genügend groß ist, um die meisten gängigen Materialien über die Belastungsgrenze hinaus zu erhitzen.

Die aerodynamische Abbremsung von mehr als 7 km/sec auf etwa 2 km/sec findet innerhalb einiger Minuten beim Durchfliegen der Höhe über der Erdoberfläche von 120 km bis etwa 70 km statt. In diesem Bereich muß die Umströmung der Raumfähre mit Hilfe der Boltzmann-Gleichung beschrieben werden. Unter realistischen Bedingungen wird hierbei eine Stoßwelle erzeugt, welche vor dem umströmten Körper hergeschoben wird. Von Interesse sind vor allem die Wärmeübertragung auf die Oberfläche – diese muß in den kritischen Bereichen durch spezielle Materialien abgemildert werden; allerdings haben diese ein nicht zu vernachlässigendes Gewicht und beanspruchen dadurch einen Teil der möglichen Nutzlast – sowie die Druckverhältnisse, welche durch geeignete Maßnahmen ausgeglichen werden müssen.

Berechnungen der Schockfront vor der umströmten Raumfähre sowie

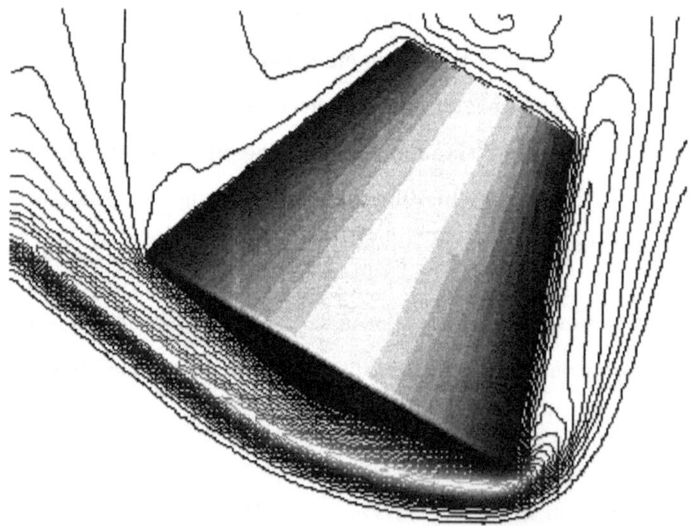

Abbildung 7.1: Umströmung einer Raumkapsel

der Belastungen auf der Shuttleoberfläche können aufgrund der enormen Rechnerentwicklung in den letzten Jahrzehnten mittlerweile mit großer Zuverlässigkeit mit Hilfe von Monte Carlo-Methoden wie in Abschnitt 4.3 beschrieben durchgeführt werden. Im Rahmen des Projekts zur Entwicklung der europäischen Raumfähre HERMES wurden zu Ende der achtziger und Beginn der neunziger Jahre Methoden hierfür auch mit großer Sorgfalt von einer Reihe von Forschungsgruppen weiterentwickelt. Ähnliche Verfahren spielen auch eine wichtige Rolle bei der Berechnung der Umströmung von Raumkapseln für Forschungszwecke. Ergebnisse einer Modellrechnung sind in Bild 7.1 dargestellt[1]. Deutlich ist die Entstehung einer Schockfront im Anströmbereich vor der Kapsel zu erkennen.

Auch wenn mittlerweile zufriedenstellende numerische Verfahren für eine Reihe von Fragestellungen im Rahmen des Wiedereintritts zur Verfügung stehen, so sind die Probleme der Praxis sehr viel komplexer, als hier dargestellt werden konnte. Die Fragen, die an Computersimulationen gestellt werden, richten sich auch heute noch sehr viel stärker nach der zur Verfügung stehenden Rechnerleistung als danach, was praktisch erforderlich wäre. Ein äußerst aktuelles Thema ist damit weiterhin das der Effizienzsteigerung numerischer Simulationen. In den letzten Jahren wurden eine Reihe von Untersuchungen vorgenommen, durch welche die effizientere numerische Simulation ermöglicht werden soll. Im Blickfeld stehen hierbei neben Methoden der Varianzreduktion [57] insbesondere Methoden der Gebietszerlegung zwischen kinetischen und strömungsdynamischen Lösungen. Für einen Überblick bis zum Jahr 1995 vgl. [66].

7.1.2 Modellierung kinetischer Randschichten

Hyperschallumströmungen von Flugzeugen

Eine wichtige Rolle spielen kinetische Gleichungen bei der Umströmung von Flugkörpern nicht nur im Falle dünner Gase. Bei dichteren Gasen kommt die kinetische Gastheorie ins

---

[1]Mit freundlicher Genehmigung von H. Neunzert. Abbildung 7.1 wurde erzeugt von der Arbeitsgruppe Technomathematik der Universität Kaiserslautern.

Spiel bei der Überschallumströmung von Tragflächen. Es ist wohlbekannt, daß hierbei die Modellierung einer sehr dünnen Randschicht entlang der Tragflächen einen sehr großen Einfluß auf das berechnete Umströmungsprofil hat. Numerische Untersuchungen zum Einfluß der kinetischen Randschichten wurden in [69] durchgeführt, welche belegen, daß durch nicht-sachgemäße Modellierung der Randschicht das Umströmungsprofil auch in äußeren Regionen deutlich beeinflußt wird.

In dichten Gasen erstreckt sich der Bereich der Gaskinetik bei der Umströmung von Körpern lediglich auf eine sehr dünne Schicht angrenzend an die Körperwand. Ist der Krümmungsradius der Wandoberfläche klein gegenüber der Dicke der Randschicht, so kann die Randschicht durch ein Halbebenenproblem, also durch einen Fluß entlang einer ebenen Wand modelliert werden. Die Modellierung kinetischer Randschichten und ihre Kopplung an strömungsdynamische Flüsse ist das Thema der folgenden Abschnitte.

Der Aufbau kinetischer Randschichten

7.1 Beispiel (*Wärmefluß zwischen zwei Platten*): Wir untersuchen den Wärmefluß durch ein Gas zwischen zwei parallelen Platten, deren Wände an $x = 0$ und $x = 1$ liegen und unterschiedliche Temperaturen T_1 und T_2 haben. Mathematisch wird das Problem beschrieben durch die (räumlich eindimensionale) stationäre Boltzmann-Gleichung

$$v_x \partial_x f = J(f, f) \qquad (7.1)$$

mit zu den Temperaturen T_0 und T_1 gehörigen diffusen Randbedingungen an den Wänden (vgl. Beispiel 1.11 2)). Der Temperaturverlauf ist in Abb. 7.2 dargestellt.[2] Wie hier ersichtlich wird, wird die numerische Lösung – bis auf kleine Bereiche in der Nähe der Ränder – beschrieben durch eine Gerade. Diesen Bereich wollen wir hier den *strömungsdynamischen Bereich* und die Ränder *kinetische Randschichten* nennen. Ist bekannt, welcher Bereich $[\epsilon, 1 - \epsilon]$ gut durch eine Gerade beschrieben wird, so genügt es, die kinetischen Gleichungen in den Bereichen $[0, \epsilon]$ und $[1 - \epsilon, 1]$ zu lösen und iterativ so zu verändern, daß beide Bereiche glatt durch eine Gerade verbunden werden können. Es

---

[2]Die Berechnungen wurden von D. Görsch durchgeführt.

bezeichne $\tilde{T}(x) = \tilde{T}_0 + \delta\tilde{T} \cdot x$ den linearen Temperaturverlauf im strömungsdynamischen Bereich. Unbekannt sind hierbei $\tilde{T}_0$ und die Steigung $\delta\tilde{T}$. Eine für numerische strömungsdynamische Berechnungen effiziente kinetische Korrektur besteht darin, einen schnellen Löser für die sog. *Sprung-Randbedingungen* $\tilde{T}_0 - T(0)$ und $T(1) - (\tilde{T}_0 + \delta\tilde{T})$ zu finden. Sind diese bekannt, so kann der gesamte Temperaturverlauf gut durch eine Gerade mit korrigierten Randbedingungen beschrieben werden.

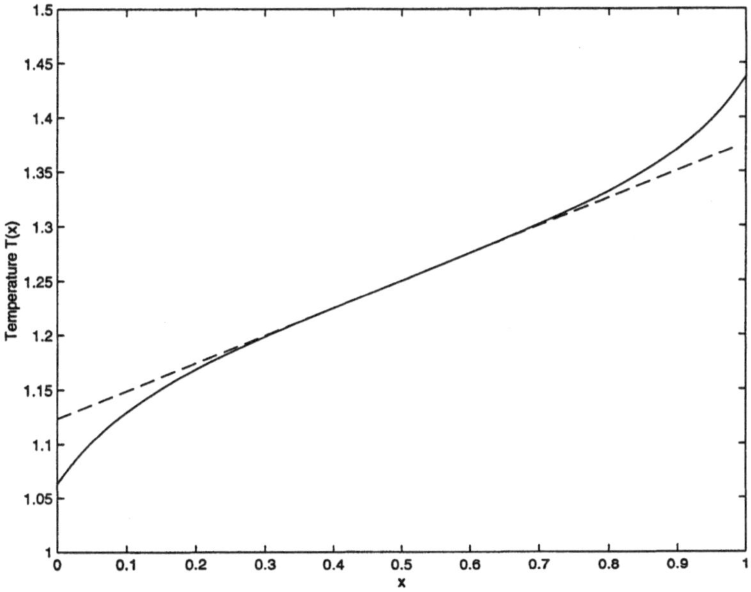

Abbildung 7.2: Wärmefluß zwischen zwei Platten

7.2 Aufgabe: Lösen Sie die stationären, d.h. zeitunabhängigen Navier-Stokes-Gleichungen (vgl. (6.60–6.62)) unter der Voraussetzung $u \equiv 0$ und zeigen Sie damit, daß $T(.)$ durch eine affin-lineare Funktion beschrieben wird.

Der Wärmefluß zwischen zwei Platten bietet ein Beispiel für die Beschreibung eines Flusses, welcher an den Rändern durch kinetische Gleichungen und im Innern durch Gleichungen der Strömungsdynamik beschrieben wird. Bedenkt man, daß die numerische Berechnung kinetischer Gleichungen sehr viel komplexer ist als die der Strömungsdynamik (vgl. hierzu die Ausführungen des Kapitels 4), so bietet sich als Zugang zu effizienten numerischen Verfahren an, kinetische Randschichten mit äußeren strömungsdynamischen

Feldern zu koppeln (vgl. Abschnitt 6.4.2). Dies soll im folgenden am Beispiel linearisierter Gleichungen demonstriert werden. Das allgemeine Problem ist hierbei wie folgt charakterisiert.

7.3 Problem *(Kopplung kinetischer Randschichten)*: Gegeben seien Randbedingungen für die räumlich eindimensionale stationäre Boltzmann-Gleichung. Gesucht ist eine Lösung $f(x,v)$, für welche unter einer geeigneten Projektion $\mathcal{P}$ die Funktion $\mathcal{P}f$ für $x \to \infty$ durch eine Lösung der Navier-Stokes-Gleichung beschrieben wird.

Linearisierte Randschichten

Es sei $f_0(v)$ eine Gleichgewichtslösung der Boltzmann-Gleichung, d.h. $J(f_0, f_0) = 0$. Ist $f_0(v) + \epsilon\phi(x,v)$ eine Lösung der stationären Boltzmann-Gleichung, so gilt für ϕ

$$
\begin{aligned}
v_x\partial_x\phi \;=\; & \int_{\mathrm{IR}^3}\int_{S^2} k(.,.)\{f_0(v')\phi(w') + f_0(w')\phi(v') - f_0(v)\phi(w) - f_0(w)\phi(v)\}d\eta dw \\
+ \;& \epsilon\int_{\mathrm{IR}^3}\int_{S^2} k(.,.)\{\phi(v')\phi(w') - \phi(v)\phi(w)\}d\eta dw.
\end{aligned}
\tag{7.2}
$$

Durch Streichen des Terms der Ordnung $\mathcal{O}(\epsilon)$ kommen wir auf die linearisierte Boltzmann-Gleichung.

7.4 Definition *(Linearisierte Boltzmann-Gleichung)*: ϕ heißt Lösung der stationären linearisierten Boltzmann-Gleichung, wenn ϕ Lösung ist der Gleichung

$$
\begin{aligned}
& v_x\partial_x\phi \\
& = \int_{\mathrm{IR}^3}\int_{S^2} k(.,.)\{f_0(v')\phi(w') + f_0(w')\phi(v') - f_0(v)\phi(w) - f_0(w)\phi(v)\}d\eta dw d\eta dw.
\end{aligned}
\tag{7.3}
$$

Die dem Problem 7.3 entspringende Fragestellung betrifft die Konstruktion linearisierter kinetischer Randschichten mit Komponenten, welche asymptotisch für $x \to \infty$ durch konstante Gradienten gegeben sind (Kramers-Problem). Bardos et al. [14] zeigten für das Hartkugelgas, daß sich eine linearisierte Randschicht schreiben läßt in der Form

$$
\phi = x \cdot F + G + H
\tag{7.4}
$$

mit x-unabhängigen Funktionen F und G, wobei

a) $x \cdot F$ den linearen strömungsdynamischen Anteil beschreibt,

b) G eine Funktion ist, welche keinen Beitrag zu den physikalisch relevanten makroskopischen Momenten von ϕ liefert und

c) H Lösung des *Milne-Problems* ist, also eine exponentiell abklingende Lösung der linearisierten Gleichung beschreibt.

Die Ergebnisse von [14] sollen nun am Beispiel diskreter Geschwindigkeitsmodelle nachvollzogen werden.

Diskrete Geschwindigkeitsmodelle

Wir betrachten ein stationäres diskretes Geschwindigkeitsmodell

$$v_i \partial_x f_i = \sum_{j,k,l} A_{i,j}^{k,l}(f_k f_l - f_i f_j) \tag{7.5}$$

mit der Menge $V = \{v_1, \ldots, v_n\}$ der zulässigen Geschwindigkeiten (genauer: der Geschwindigkeitskomponenten in x-Richtung). Die Anzahl n sei gerade: $n = 2q$, und es gelte $v_i > 0$ sowie $v_i = -v_{i+q}$ für $i = 1 \ldots q$. Für die Koeffizienten $A_{i,j}^{k,l}$ sei erfüllt

7.5 Voraussetzungen: a) Es ist

$$\sum_{i,j}(A_{i,j}^{k,l} - A_{k,l}^{i,j}) = 0. \tag{7.6}$$

(Hieraus folgt die Massenerhaltung, vgl. Aufgabe 2.22 b).)

b) Mit $\sigma(i) := (i + q \bmod 2q) + 1$ ist

$$A_{\sigma(i),\sigma(j)}^{\sigma(k),\sigma(l)} = A_{i,j}^{k,l}. \tag{7.7}$$

7.6 Aufgabe: Zeigen Sie, daß das Modell unter Voraussetzung 7.5 b) spiegelungsinvariant ist, daß also die Gleichungen 7.5 unter der Indexänderung $i \to \sigma(i)$ und unter der Spiegelung $x \to -x$ in sich selbst transformiert werden.

7.7 Aufgabe: $f^{(0)}$ sei eine Gleichgewichtslösung der Gleichungen 7.5. Zeigen Sie, daß die linearisierte Gleichung für eine gestörte Lösung $f^{(0)} + \epsilon\phi$ gegeben ist durch

$$v_i \partial_x \phi_i = \sum_l \left(\sum_{j,k} (A_{i,j}^{k,l} + A_{k,l}^{i,j}) f_k^{(0)} - A_{i,l}^{k,j} f_i^{(0)} \right) \phi_l. \tag{7.8}$$

Es sei nun $f^{(0)}$ eine Gleichgewichtslösung mit der Symmetrieeigenschaft

$$f_i^{(0)} = f_{\sigma(i)}^{(0)}. \tag{7.9}$$

Dann kann aufgrund der Voraussetzung 7.5 (b) die linearisierte Gleichung (7.8) geschrieben werden in der Form

$$\partial_x \phi = \begin{pmatrix} D^{-1} & 0 \\ 0 & -D^{-1} \end{pmatrix} \cdot \begin{pmatrix} \tilde{A} & \tilde{B} \\ \tilde{B} & \tilde{A} \end{pmatrix} \phi = \begin{pmatrix} A & B \\ -B & -A \end{pmatrix} \phi =: C\phi, \tag{7.10}$$

wobei die Matrizen $\tilde{A}$ und $\tilde{B}$ die Koeffizienten des linearisierten Systems enthalten und

$$D = \begin{pmatrix} v_1 & & \\ & \ddots & \\ & & v_q \end{pmatrix}. \tag{7.11}$$

Aus dieser Darstellung und den oben beschriebenen Eigenschaften folgt

7.8 Eigenschaften: a) Ist $\lambda \neq 0$ Eigenwert von C (mit Eigenvektor $(b_1, b_2)^T$), so ist auch $-\lambda$ Eigenwert (mit Eigenvektor $(b_2, b_1)^T$). Die Eigenräume zu den Eigenwerten $\neq 0$ bilden damit (aus Gründen der Symmetrie bzgl. x-Spiegelung, vgl. Aufgabe 7.6) einen Unterraum gerader Dimension.

b) $f^{(0)}$ ist – da Gleichgewichtslösung – Eigenvektor von C zum Eigenwert 0.

c) Ist der Raum der Eigenvektoren zum Eigenwert 0 von ungerader Dimension, so liegt der Eigenvektor $f^{(0)}$ im Bild von C, d.h. es gibt einen Vektor b mit $Cb = f^{(0)}$. (Dies folgt aus der Dimensionsanalyse der beteiligten Eigenräume und der Tatsache, daß C von gerader Dimension ist.)

Eine linearisierte Modellgleichung

Motiviert durch die Eigenschaften 7.8 betrachten wir nun das System

$$\partial_x \phi = C\phi, \tag{7.12}$$

wobei C ähnlich ist zu einer Matrix (Jordan-Normalform) $\tilde{C}$,

$$\tilde{C} = \begin{pmatrix} \tilde{D} & & \\ & -\tilde{D} & \\ & & J \end{pmatrix} \tag{7.13}$$

mit der Diagonalmatrix

$$\tilde{D} = \begin{pmatrix} \lambda_1 & & \\ & \ddots & \\ & & \lambda_{q-1} \end{pmatrix} \tag{7.14}$$

mit strikt positiven Eigenwerten λ_i und dem Jordan-Block

$$J = \begin{pmatrix} 0 & 1 \\ 0 & 0 \end{pmatrix}. \tag{7.15}$$

Unter einer geeigneten Transformation T ist also $C = T\tilde{C}T^{-1}$. Die Lösung des Differentialgleichungssystems ist

$$\phi(x) = T \exp(\tilde{C}x)T^{-1}\phi(0) \tag{7.16}$$

wobei $\exp(\tilde{C}x)$ Block-Diagonalstruktur besitzt mit den Blöcken

$$\exp(\pm\tilde{D}x) = \begin{pmatrix} \exp(\pm\lambda_1 x) & & \\ & \ddots & \\ & & \exp(\pm\lambda_{q-1}x) \end{pmatrix} \quad \text{und} \quad \exp(Jx) = \begin{pmatrix} 1 & x \\ 0 & 1 \end{pmatrix} \tag{7.17}$$

Die linearisierte Randschicht erhalten wir nun durch "Ausblenden" der exponentiell anwachsenden Komponenten.

7.9 Struktur der linearisierten Randschicht: Gegeben seien die q Einströmbedingungen

$$\phi_i(0) = \alpha_i, \quad i = 1\ldots q. \tag{7.18}$$

Es sei e_i der i-te kanonische Einheitsvektor. Die Vektoren $e_1,\ldots,e_q,Te_1,\ldots,Te_{q-1}$ seien linear unabhängig. Weiter sei $a \in \mathbb{R}$ gegeben. Dann ist die Lösung des Differentialgleichungssystems (7.12) zum Anfangswert $\phi(0) = \phi^{(0)}$, welcher gegeben ist durch

$\phi_i^{(0)} = \alpha_i$ für $i = 1 \ldots q$, $(T\phi^{(0)})_i = 0$ für $i = 1, \ldots, q-1$ und $\phi_{2q}^{(0)} = a$ eine linearisierte Randschicht. Sie besteht aus den exponentiell abklingenden Komponenten $\exp(-\lambda_i x)\phi_{p+i}^{(0)} \cdot Te_{p+i}$, $i = 1, \ldots, q$, dem konstanten Anteil $T(\phi_{2q-1}^{(0)}e_{2q-1} + \phi_{2q}^{(0)}e_{2q})$ und dem linear ansteigenden Teil $x \cdot aTe_{2q-1}$.

7.10 Beispiel: Wir untersuchen die linearisierte Gleichung zum diskreten Vier-Geschwindigkeitsmodell $v_{1,2} = 1$, $v_{3,4} = -1$ und $A_{i,j}^{k,l} = 1/16$. Sie führt auf eine Differentialgleichung der Form

$$\partial_x \phi = C\phi \tag{7.19}$$

mit

$$C = \frac{1}{16} \begin{pmatrix} -12 & 4 & 4 & 4 \\ 4 & -12 & 4 & 4 \\ -4 & -4 & 12 & -4 \\ -4 & -4 & -4 & 12 \end{pmatrix}. \tag{7.20}$$

Man rechnet leicht nach, daß $b_1 = (0, 0, 1, -1)^T$ und $b_2 = (1, -1, 0, 0)^T$ Eigenvektoren zu den Eigenwerten 1 und -1 sind; außerdem gilt für $b_3 = (1, 1, 1, 1)^T$, daß $Cb_3^T = 0$; $b_4 = (-1, -1, 1, 1)$ wird auf b_3 abgebildet. Damit setzt sich die Transformationsmatrix T aus den Spalten $b_1 \ldots b_4$ zusammen, und mit

$$T^{-1} = \begin{pmatrix} 0 & 1 & 1 & -1 \\ 0 & -1 & 1 & -1 \\ 1 & 0 & 1 & 1 \\ -1 & 0 & 1 & 1 \end{pmatrix}^{-1} = \frac{1}{4} \begin{pmatrix} 0 & 0 & 2 & -2 \\ 2 & -2 & 0 & 0 \\ 1 & 1 & 1 & 1 \\ -1 & -1 & 1 & 1 \end{pmatrix} \tag{7.21}$$

folgt die Darstellung von C in Jordan-Normalform:

$$C = \frac{1}{64} \begin{pmatrix} 0 & 1 & 1 & -1 \\ 0 & -1 & 1 & -1 \\ 1 & 0 & 1 & 1 \\ -1 & 0 & 1 & 1 \end{pmatrix} \cdot \begin{pmatrix} 1 & 0 & 0 & 0 \\ 0 & -1 & 0 & 0 \\ 0 & 0 & 0 & 1 \\ 0 & 0 & 0 & 0 \end{pmatrix} \cdot \begin{pmatrix} 0 & 0 & 2 & -2 \\ 2 & -2 & 0 & 0 \\ 1 & 1 & 1 & 1 \\ -1 & -1 & 1 & 1 \end{pmatrix} \tag{7.22}$$

sowie

$$\exp(Cx) = \frac{1}{64} \begin{pmatrix} 0 & 1 & 1 & -1 \\ 0 & -1 & 1 & -1 \\ 1 & 0 & 1 & 1 \\ -1 & 0 & 1 & 1 \end{pmatrix} \cdot \begin{pmatrix} \exp(x) & 0 & 0 & 0 \\ 0 & \exp(-x) & 0 & 0 \\ 0 & 0 & 1 & x \\ 0 & 0 & 0 & 1 \end{pmatrix} \cdot \begin{pmatrix} 0 & 0 & 2 & -2 \\ 2 & -2 & 0 & 0 \\ 1 & 1 & 1 & 1 \\ -1 & -1 & 1 & 1 \end{pmatrix}.$$

$$(7.23)$$

Wir untersuchen das Anfangswertproblem $\phi(0) = (\phi_i^{(0)})_{i=1}^4$. Vorgegeben sind die Einströmbedingungen $\phi_i^{(0)} = \alpha_i$, $i = 1,2$. Um exponentiell ansteigende Komponenten auszuschließen, wird gefordert, daß $(T^{-1}\phi^{(0)})_1 = 0$, also $\phi_3^{(0)} = \phi_4^{(0)}$. Die kinetische Randschicht ist von der Form

$$\phi(x) = \frac{1}{2} \begin{pmatrix} \alpha + \beta \\ \alpha + \beta \\ 2\phi_3^{(0)} \\ 2\phi_3^{(0)} \end{pmatrix} + \frac{1}{2} \exp(-x) \cdot \begin{pmatrix} \alpha - \beta \\ -\alpha + \beta \\ 0 \\ 0 \end{pmatrix}$$

$$+ \frac{1}{4} x \cdot (-\alpha - \beta + 2\phi_3^{(0)}) \begin{pmatrix} 1 \\ 1 \\ 1 \\ 1 \end{pmatrix}. \qquad (7.24)$$

Wir erkennen leicht den konstanten Anteil, den exponentiell abfallenden Anteil sowie den linear anwachsenden Anteil. Der freie Koeffizient $\phi_3^{(0)}$ kann zur Anpassung des Gradienten von b_3 für $x \to \infty$ verwendet werden.

7.2 Flüsse in dünnen Schichten

Gasteilchen innerhalb eines durch physikalische Wände eingeschlossenen Körpers sind in ihrer Dynamik zweierlei Einflüssen ausgesetzt: einmal der Stoß-Wechselwirkung mit anderen Teilchen, und zum anderen der Impulsänderung beim Auftreffen auf eine der begrenzenden Wände. In der Regel werden letztere Einflüsse durch die Formulierung geeigneter kinetischer Randschichten berücksichtigt. Ein extremer Fall besteht darin, daß die Teilchendynamik von der Teilchen-Wand-Wechselwirkung dominiert wird. Dies ist insbesondere der Fall bei Teilchenströmen in dünnen Schichten.

Wird die Teilchendynamik von der Wand-Teilchen-Wechselwirkung dominiert, so müßten durch Messung der Teilchenströme Rückschlüsse auf die Art der Wechselwirkung möglich sein. Dies war Ansporn bei dem Vorschlag von Clausing [32], die Wandhaftzeit, also die Zeit, die die Gasteilchen im Mittel an die Wand gebunden sind, bevor sie zurückreflektiert werden, in einem Experiment zu messen. Intuitiv richtig ist: Je größer die Wandhaftzeit ist, desto geringer ist der Teilchendurchfluß – beispielsweise durch eine sehr dünne Röhre. Bei extrem dünnen Röhren können Stöße von Teilchen untereinander vernachlässigt werden, sodaß die Teilchendynamik ausschließlich durch den freien Fluß und die Wechselwirkung mit der Wand bestimmt ist. Die Frage ist allerdings, wie solche Bewegungen angemessen makroskopisch modelliert werden können. Clausing schlug eine Diffusionsgleichung als die korrekte asymptotische Beschreibung vor. Aus der Messung der Diffusionskonstanten im Experiment sollten dann Rückschlüsse auf die Wandhaftzeit möglich sein. Die Frage, ob eine Diffusionsgleichung das Verhalten asymptotisch richtig beschreibt, war bis in die achtziger Jahre Thema einer Reihe von Veröffentlichungen. Die in [5] zitierte Literatur gibt Beispiele sowohl für Arbeiten, welche die Diffusionshypothese zu widerlegen glaubten, als auch für solche, welche diese Annahme unterstützten. In [5] konnte schließlich gezeigt werden, daß die Diffusionshypothese in der Tat korrekt ist. Zum Beweis wurde ein Ansatz ähnlich wie in Kapitel 3 gewählt (vgl. auch Anhang A). Werden Teilchen an der Wand diffus reflektiert, so setzt sich ihre Bewegung aus stochastisch unabhängigen Zuwächsen zusammen, welche aus dem freien Fluß zwischen zwei Kontakten mit der Wand resultieren. Unter einer geeigneten Skalierung läßt sich auf diese Weise in der Tat eine Diffusionsgleichung herleiten. Während in [5] eine Variante von Donskers Invarianzprinzip (vgl. Anhang A) bewiesen wurde, wurde ein ähnliches Resultat aufgrund funktionalanalytischer Prinzipien in [11] hergeleitet.

Die Modellierung von Flüssen in dünnen Schichten ist in einer Reihe von Anwendungsgebieten ein aktuelles Thema. Erwähnt sei hier die mathematische Beschreibung des dynamischen Verhaltens von Magnetkopfgleitern moderner Speichermedien. Hierbei "schwimmt" der Lesekopf des Mediums auf einer dünnen Luftschicht über der sich drehenden Speicherplatte. Die korrekte Modellierung der Luftschicht ist sehr wichtig, da diese unter anderem dafür verantwortlich ist, daß der Lesekopf nicht auf die Platte aufprallt, wodurch der Datenträger beschädigt werden könnte. Wie in [25] erwähnt wurde, erlauben neue Techniken, den Luftspalt auf eine Dicke von wenigen mittleren freien Weglängen der Gasmoleküle zu reduzieren, wodurch die Lesekapazität günstig beeinflußt wird. Die Modellierung des Luftspalts ist unter diesen Voraussetzungen nur auf der Grundlage kinetischer Gleichungen möglich.

Diskutieren wir daher kurz einen Teilchenfluß zwischen zwei parallelen Platten bzw. in einer dünnen Röhre. Das einfachste Modell ist das eines *Knudsen-Gases*, bei dem Stöße von Gasteilchen untereinander vernachlässigt werden. Eine solche Annahme ist gerechtfertigt, wenn der Plattenabstand bzw. der Röhrendurchmesser sehr viel kleiner ist als die mittlere freie Weglänge der Gasteilchen zwischen zwei Stößen. Als Reflexionsgesetz beim Aufprallen auf die Wand nehmen wir *diffuse Reflexion* an. (Diffuse Reflexion mit Akkommodationskoeffizient ist eine einfache Erweiterung, wie in [5] gezeigt wurde.) Unter diesen Voraussetzungen läßt sich die Teilchendynamik entlang der parallelen Platten bzw. entlang der Röhrenachse als Summe unabhängiger gleichverteilter Zufallsvariabler beschreiben,

$$X(t) \approx \sum_{i=1}^{n^*(t)} \Delta X_i, \tag{7.25}$$

wobei $n^*(t)$ die Anzahl der Wandkontakte bis zur Zeit t und ΔX_i der Ortszuwachs zwischen dem i-ten und dem $(i+1)$-ten Wandkontakt sind. Im Falle paralleler Platten ist beispielsweise $\Delta X_i = \Delta t_i \cdot V_i^{\parallel}$, wobei $\Delta t_i = h/V_i^{\perp}$, h der Plattenabstand sowie $V_i^{\parallel}$ bzw. $V_i^{\perp}$ die Geschwindigkeitskomponenten entlang bzw. senkrecht zu den Platten sind. Haben die gleichverteilten Zufallsvariablen ΔX_i endliche Varianz, so ist es einfach, eine Variante von Donskers Invarianzprinzip (vgl. Anhang A) zu beweisen. Insbesondere wird der Teilchenfluß beschrieben durch eine Diffusionsgleichung. An dieser Stelle zeigt es sich, daß Diffusionslimites geometrieabhängig modelliert werden müssen. Im eindimensionalen Fall einer Röhre wird – wie in Kapitel 3 – ein Diffusionslimes erhalten unter der Zeitskalierung $t \to t/h$ [5]. Dagegen hat im Fall paralleler Platten ΔX_i unendliche Varianz. Wie in [25] gezeigt wurde, erhält man einen Diffusionslimes unter der Zeitskalierung $t \to t/(h|\ln h|)$.

Die oben aufgeführten Zugänge erfordern die Erweiterung in mehrere Richtungen. Einige wichtige Fragestellungen sind:

a) Wie ändert sich die Situation, wenn anstelle eines Knudsen-Testteilchens ein Lorentzgas-Testteilchen beschrieben werden soll?

b) Erhält man auch einen Diffusionslimes im Fall rein deterministischer Randbedingungen, zum Beispiel für elastisch reflektierte Teilchen an periodisch deformierten Oberflächen?

c) Wie modelliert man Flüsse nichtlinearer Gasströme, für die Teilchenstöße nicht vernachlässigt werden können?

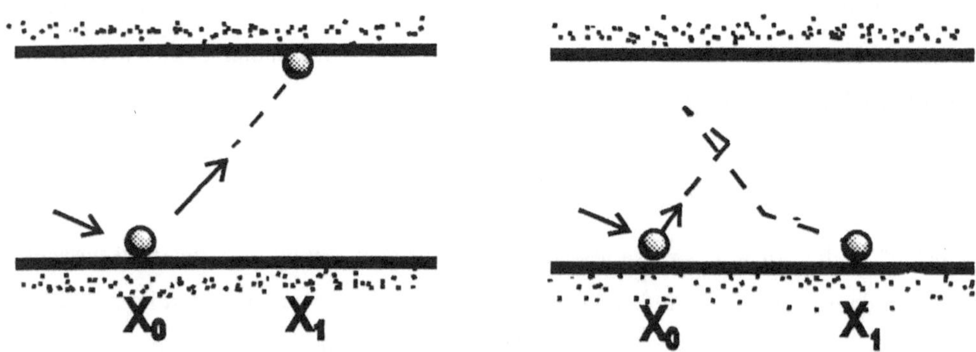

Abbildung 7.3: Flüsse durch dünne Schichten

a) Knudsengas, b) Lorenzgas

Wie in [9] gezeigt worden ist, kann das Lorentzgasmodell ähnlich wie das Knudsengasmodell behandelt werden. Der Diffusionskoeffizient σ hängt in diesem Fall sowohl von den Reflexionsgesetzen an der Wand als auch von dem Streuteilchenmodell ab. Ein Testteilchen, welches zur Zeit t_0 an einem Ort X_0 von der Wand diffus zurückreflektiert wurde, trifft zu einer späteren Zeit t_1 – eventuell nach Stößen mit Teilchen des Streumediums – an einem Ort X_1 wieder auf die Wand auf. Es bezeichne Var(Δx) die Varianz der Zufallsvariablen $X_1 - X_0$ und $\bar{t}$ den Erwartungswert von $t_1 - t_0$. Der Diffusionskoeffizient ist dann gegeben durch $\sigma = \text{Var}(\Delta x)/\bar{t}$. Die Größen Var$(\Delta x)$ und $\bar{t}$ können leicht mittels eines stochastischen Algorithmus wie in Kapitel 3 berechnet werden. Es stellt sich heraus, daß im Fall paralleler Platten σ für $\lambda \to 0$ divergiert.

Gasteilchenverteilungen können auch im Fall völlig deterministischer Reflexionsgesetze einer Diffusionsgleichung unterliegen. Dies wurde beispielsweise für ein Modell einer periodisch strukturierten Wand unter elastischer Reflexion in [10] diskutiert. Stichworte für die mathematische Behandlung sind *expandierende Abbildungen* sowie *Markov-Partitionen*. Die Modellierung nichtlinearer Systeme ist ein aktuelles Forschungsgebiet.

7.3 Aerosoldynamik

Unter Aerosolen versteht man Gase, welche feste oder flüssige Schwebeteilchen enthält. Das Entstehen und Wachsen solcher Schwebeteilchen ist heute in einer Reihe von Anwendungen von großer Aktualität. Dies gilt insbesondere in der Umweltwissenschaft, wo es unter anderem um das Verhalten von Schadstoffen in der Luft geht, und in der Erforschung von Verbrennungsvorgängen und die Entstehung von Ruß in Motoren. Eine große Zahl von Forschungsgruppen ist gegenwärtig bemüht, die verschiedenen Aspekte der Aerosoldynamik zu untersuchen und miteinander zu verknüpfen, vgl. [1].

Eine Modellgleichung, welche das Wachsen der Schwebeteilchen beschreibt, ist die *Smoluchowski-Gleichung*. Ihr liegt die Modellvorstellung zugrunde, daß sich Schwebeteilchen ähnlich wie Gasteilchen oder Brownsche Teilchen in der Luft bewegen und daß zwei Teilchen beim Aufeinandertreffen zu einem größeren Teilchen "verkleben". Es wird angenommen, daß alle Teilchen als Größe ein Vielfaches l einer Einheitsgröße haben;

der Teilchenanteil wird mit n_l bezeichnet. Die einfachste Version der Smoluchowsk-Gleichung hat die Form [70]

$$\frac{\partial n_l}{\partial t} + v \cdot \nabla_x n_l = D_l \Delta_x n_l + \frac{1}{2} \sum_{i+j=l} K_{ij} n_i n_j - n_l \sum_{i=1}^{\infty} K_{li} n_i + F_l(t). \tag{7.26}$$

Hierbei beschreibt v die Geschwindigkeit des umgebenden Gases; D_l ist der Diffusionskoeffizient für die Teilchen der Größe l, F_l ist ein Quellterm für diese Teilchen; die Größen K_{ij} sind die sogenannten Koagulationskoeffizienten. Beim Vergleich mit der Boltzmann-Gleichung stellen wir weitreichende Analogien fest: Die linke Seite beschreibt einen Differentialoperator, welcher der linken Seite der Boltzmann-Gleichung ähnelt. Die rechte Seite enthält einen quadratischen Wechselwirkungsoperator, welcher vergleichbar mit dem der Boltzmann-Gleichung ist (vgl. beispielsweise die diskreten Geschwindigkeitsmodelle des Abschnitts 1.5.4). Aufgrund der strukturellen Ähnlichkeit der Smoluchowski- und der Boltzmann-Gleichung lassen sich viele Aspekte der Modellierung und der Numerik aus der kinetischen Theorie übertragen. Beispielsweise werden Monte Carlo-Verfahren ähnlich denen aus Abschnitt 4.3 zur numerischen Lösung eingesetzt [70].

Betrachten wir den Aspekt der Massenerhaltung für die räumlich homogene Gleichung

$$\frac{\partial n_l}{\partial t} = \frac{1}{2} \sum_{i+j=l} K_{ij} n_i n_j - n_l \sum_{i=1}^{\infty} K_{li} n_i. \tag{7.27}$$

Modelle für die Koagulationskoeffizienten K_{ij} reichen von Konstanten $K_{ij} \equiv K$ über einfache Ansätze $K_{ij} = K \cdot (i + j)$ und $K_{ij} = K \cdot (i \cdot j)$ bis zu realistischeren Ansätzen

$$K_{ij} = K(i^{1/3} + j^{1/3})^2 (1/i + 1/j)^{1/2} \tag{7.28}$$

für freien molekularen Fluß,

$$K_{ij} = K \cdot (i^{1/3} + j^{1/3})(i^{-1/3} + j^{-1/3}) \tag{7.29}$$

für Brownsche Teilchen und

$$K_{ij} = \sqrt{\bar{\epsilon}}(i^{1/3} + j^{1/3})^3 \tag{7.30}$$

für turbulente Strömungen ($\bar{\epsilon}$ beschreibt hierbei eine die turbulente Strömungen kennzeichnende Dissipationsrate) [70].

Unter der Voraussetzung der Symmetrie der Koeffizienten

$$K_{ij} = K_{ji} \tag{7.31}$$

(dies ist für alle oben beschriebenen Modelle der Fall) erfüllt die Gleichung formal ein *Massenerhaltungsgesetz*. Da n_l die Anzahl der Teilchen mit der Masse l beschreibt, ist die Gesamtmasse des Systems gleich

$$m = \sum_{l=1}^{\infty} l \cdot n_l. \tag{7.32}$$

Die Massenerhaltung kann gezeigt werden durch

$$\begin{aligned}
\frac{\partial m}{\partial t} &= \frac{1}{2} \sum_{l=1}^{\infty} \left(l \cdot \sum_{i+j=l} K_{ij} n_i n_j \right) - \sum_{l=1}^{\infty} \left(l n_l \cdot \sum_{i=1}^{\infty} K_{li} n_i \right) \\
&= \frac{1}{2} \sum_{i,j=1}^{\infty} (i+j) K_{ij} n_i n_j - \sum_{l+i=1}^{\infty} l K_{li} n_l n_i \\
&= \sum_{i,j=1}^{\infty} i K_{ij} n_i n_j - \sum_{l+i=1}^{\infty} l K_{li} n_l n_i = 0.
\end{aligned} \tag{7.33}$$

Dies ist allerdings nur ein formaler Beweis. Zu seiner Präzisierung muß gewährleistet sein, daß die Summen auf der rechten Seite konvergieren. In der Tat ist dies nicht immer gegeben. Eine genauere Analyse zeigt, daß für das Modell $K_{ij} = i \cdot j$ die Massenerhaltung in der Regel nicht gilt. Innerhalb endlicher Zeit verkleben Teilchen zu Teilchen unendlicher Masse, welche natürlich aus der Massenbilanz herausfallen. (Einen ähnlichen Effekt der Nicht-Massenerhaltung haben wir für lineare Gleichungen bereits in Satz 2.10 und Aufgabe 2.11 kennengelernt.) Bei dem Modell $K_{ij} = i + j$ ist dies nicht möglich. Eine Kenntnis der Gegebenheiten für weitere Klassen von Koeffizienten ist für Anwendungsfragen wichtig. (Vergleiche auch Aufgabe 7.12 zur qualitativen Untersuchung des Anwachsens der Teilchen bei unterschiedlichen Koeffizienten.)

Die Numerik der vollen Smoluchowski-Gleichung – gegebenenfalls mit Diffusionsanteilen, chemischen Reaktionen und Turbulenzmodellen – ist ein äußerst komplexes Problem, welches auch heute noch nicht auch nur annähernd befriedigend auf dem Rechner gelöst werden kann. Die Entwicklung effizienter numerischer Verfahren ist ein aktuelles Forschungsthema. Aufgrund der Ähnlichkeit der Smoluchowski-Gleichung mit der Boltzmann-Gleichung bietet es sich an, Ideen für die Numerik von der Boltzmann-Gleichung zu übernehmen. Dies ist in der Tat der Fall. Stochastische Verfahren ähnlich den in Abschnitt 4.3 beschriebenen finden erfolgreich Anwendung [70]. Eine Variante für den räumlich homogenen Fall lautet – in Analogie zum Algorithmus 4.15 – wie folgt. Wir wählen der Einfachheit halber als Anfangsbedingung

$$n_l(0) = \delta_{l1} = \begin{cases} 1 & \text{für } l = 1 \\ 0 & \text{sonst.} \end{cases} \tag{7.34}$$

7.11 Algorithmus: Schneide die Koeffizienten durch eine geeignete Konstante $K_{\max}$ nach oben ab:

$$\bar{K}_{ij} := \min\{K_{ij}, K_{\max}\} \tag{7.35}$$

und wähle einen hinreichend kleinen Zeitschritt Δt.

1. Wähle $N_0 := N \gg 1$ und ordne jedem der N Teilchen den Zustand "1" zu. (Dies entspricht der Anfangsbedingung; jedes der Teilchen hat das Gewicht $1/N$.)

2. Gegeben seien $N_k \leq N$ Teilchen mit den Zuständen $Z_i \in \mathbb{N}$, $i = 1, \ldots, N_k$.

   (a) Ist N_k gerade, so wähle eine zufällige Permutation π auf $\{1, \ldots, N_k\}$. (Andernfalls wähle eine zufällige Permutation π auf $\{1, \ldots, N_k - 1\}$ und lasse den Zustand des N_k-ten Teilchens unverändert.)

   (b) Zu $i = 1, \ldots, N_k/2$ (bzw. $(N_k - 1)/2$) wähle Zufallsvariablen $r_i \in [0,1]$.

   (c) Ist $r_i \leq \Delta t \cdot \bar{K}_{\pi(2i-1),\pi(2i)}$, so nimm die Teilchen mit den Nummern $\pi(2i - 1)$ und $\pi(2i)$ aus der Liste und erzeuge ein neues Teilchen mit dem Zustand $Z_{\pi(2i-1)+\pi(2i)}$.

(Um die Teilchenzahl hinreichend groß zu halten, kann nach Belieben die Teilchenzahl verdoppelt werden unter Halbierung des Gewichts $1/N$.)

7.12 Aufgabe: a) Implementieren Sie obigen Algorithmus. (Welches sind sinnvolle Vorgaben für N, $K_{\max}$ und Δt? Welcher zusätzliche Fehler entsteht bei ungeraden

N_k? Wie kann er reduziert werden durch Modifikation der Stoßwahrscheinlichkeiten?)

b) Untersuchen Sie numerisch das zeitliche Verhalten von

$$m_{100} := \sum_{l=1}^{100} l \cdot n_l \qquad (7.36)$$

für die Koeffizienten $K_{ij} = i + j$ sowie $K_{ij} = i \cdot j$.

Erste Ansätze für eine Konvergenztheorie solcher Verfahren wurden in [52] entwickelt.

7.4 Verkehrsflußmodelle

7.4.1 Ein Modell

Ein Anwendungsgebiet kinetischer Gleichungen von großer Aktualität ist die Modellierung von Verkehrsflüssen. Insbesondere im Zusammenhang mit der Entwicklung von Systemen zur automatischen Beeinflussung des Straßenverkehrs erfreuen sich solche Modelle wachsender Attraktivität.

Das Verhalten von Verkehrsteilnehmern läßt sich gut mit Hilfe von "Zwei-Teilchen-Wechselwirkungen" beschreiben. (Selbstverständlich sollte in diesem Zusammenhang der Begriff "Teilchen-Kollisionen" vermieden werden. Es sind nicht die Unfälle, welche hier modelliert werden sollen. Im Gegenteil – man versucht, mit Verkehrsflußmodellen den Verkehr so zu beeinflussen, daß ein möglichst großer Durchsatz bei möglichst gleichmäßig fließendem und damit wenig unfallträchtigem Verkehr möglich wird.) Zur Illustration und als Einstieg in die Verkehrsflußmodellierung wollen wir uns hier auf ein "Zwei-Geschwindigkeiten"–Modell beschränken. Hierzu stellen wir uns ein Straßensystem vor (etwa Landstraße oder mehrspurige Autobahn), auf welchem zwei Typen von Fahrzeugen, etwa Lastwagen mit einer Geschwindigkeit $u = 80$ km/h und Personenwagen mit einer Geschwindigkeit von $v = 120$ km/h fahren. Nähert sich ein Personenwagen einem Lastwagen, so muß er entweder auf die Geschwindigkeit u abbremsen, oder er hat die Möglichkeit zu überholen. Die Entwicklung eines geeigneten kinetischen Modells erfolgt über die Herleitung von Wechselwirkungsraten, welche die Überführung von

Geschwindigkeit u in Geschwindigkeit v bzw. umgekehrt beschreiben.

7.13 Ein einfaches Verkehrsflußmodell: Unser Modell beruht auf folgenden drei Fahrzeugtypen $i = 0, 1, 2$:

Typ 0: Lastkraftwagen mit Geschwindigkeit u;

Typ 1: Personenkraftwagen, welche durch das Verkehrsaufkommen die Geschwindigkeit u annehmen mußten;

Typ 2: Personenkraftwagen mit der Wunschgeschwindigkeit $v > u$.

Entsprechend der Herleitung kinetischer Gleichungen im Boltzmann-Grad-Limes wollen wir kein Ensemble endlich vieler individueller Fahrzeuge untersuchen, sondern den Verkehrsfluß durch Dichten beschreiben. Die Dichten der oben definierte Typen seien durch Funktionen $f_i = f_i(t, x)$ beschrieben, $x \in \mathrm{IR}$. Zur Vereinfachung setzen wir die Dichte des Typs 0 als konstant voraus. Ohne Wechselwirkung mit anderen Verkehrsteilnehmern bewegen sich die Fahrzeuge des Typs 1 und 2 mit den konstanten Geschwindigkeiten u und v; ihre Dichten entwickeln sich demnach gemäß den Gleichungen (vgl. die Liouville-Gleichung in Abschnitt 1.2)

$$(\partial_t + u \cdot \partial_x) f_1 = 0, \tag{7.37}$$

$$(\partial_t + v \cdot \partial_x) f_2 = 0. \tag{7.38}$$

Die Wechselwirkung mit anderen Verkehrsteilnehmern, also das Abbremsen infolge des Auftreffens auf langsamere Fahrzeuge und das anschließende Beschleunigen auf die Ausgangsgeschwindigkeit erfolgt unter folgenden Annahmen.

7.14 Wechselwirkungsmodell: Die Einwirkung von Kraftfahrzeugen auf andere ist bestimmt durch die Gesetze

a) Die Rate der Fahrzeuge des Typs 2, welche abbremsen müssen, ist proportional der Anzahl der langsameren Fahrzeuge, also proportional zu $f_0 + f_1$; dies liefert einen Beitrag zum Wechselwirkungsterm von der Größe

$$\alpha \cdot (f_0 + f_1) \cdot f_2. \tag{7.39}$$

b) Die Möglichkeit eines Fahrzeugs des Typs 1 des Überholens und damit der Beschleunigung ist größer, je kleiner die Verkehrsdichte ist; wir setzen als Wechselwirkungsbeitrag an

$$\beta \cdot (\rho_{max} - \rho) \cdot f_1 \qquad (7.40)$$

mit $\rho(x) = f_0 + f_1(x) + f_2(x)$ und mit einer vorgegebenen positiven Konstante ρ_{max}.

Dies führt auf die folgenden kinetischen Modellgleichungen.

7.15 Modellgleichungen: Das oben skizzierte Verkehrsflußmodell wird beschrieben durch die Gleichungen

$$f_0 \equiv const, \qquad (7.41)$$

$$(\partial_t + u \cdot \partial_x)f_1 = \alpha \cdot (f_0 + f_1) \cdot f_2 - \beta \cdot (\rho_{max} - \rho) \cdot f_1, \qquad (7.42)$$

$$(\partial_t + v \cdot \partial_x)f_2 = \beta \cdot (\rho_{max} - \rho) \cdot f_1 - \alpha \cdot (f_0 + f_1) \cdot f_2. \qquad (7.43)$$

Der Anwendungsbereich der Gleichungen ist eingeschränkt durch die Bedingung

$$f_i \geq 0, \quad f_0 + f_1 + f_2 \leq \rho_{max}. \qquad (7.44)$$

7.4.2 Gleichmäßiger Verkehrsfluß

Eine wichtige Frage bei der Straßenplanung ist, welche Fahrzeugmenge pro Zeiteinheit passieren kann. Wir wollen hier das Problem aufgreifen, wieviele PKW's (Typen 1 und 2) eine Straße aufnehmen kann bei vorgegebenem LKW-Aufkommen (Typ 0). Hierzu gehen wir von einer gleichmäßig befahrenen Straße aus, für welche f_1 und f_2 zeit- und ortsunabhängig sind. Hierfür muß offenbar gelten

$$\alpha \cdot (f_0 + f_1) \cdot f_2 - \beta \cdot (\rho_{max} - \rho) \cdot f_1 = 0, \qquad (7.45)$$

also nach elementaren Umformungen und mit $\rho_{max} := 1$ sowie $\gamma := \alpha/\beta$

$$f_2 = \frac{1 - f_0 - f_1}{\gamma f_0 + (1 + \gamma)f_1} \cdot f_1 =: \mathcal{F}[f_1]. \qquad (7.46)$$

Die mittlere Geschwindigkeit der Personenwagen beträgt somit

$$\frac{u \cdot f_1 + v \cdot f_2}{f_1 + f_2} = \frac{u \cdot (\gamma f_0 + (1 + \gamma) f_1) + v \cdot (1 - f_0 - f_1)}{(\gamma f_0 + (1 + \gamma) f_1) + (1 - f_0 - f_1)}. \tag{7.47}$$

Der PKW–Verkehrsfluß $\mathcal{V}$ – also die Menge der pro Zeiteinheit passierenden Fahrzeuge der Typen 1 und 2 – ist gegeben durch

$$\mathcal{V} = \mathcal{V}[f_1] = u \cdot f_1 + v \cdot f_2 = u \cdot f_1 + v \cdot \mathcal{F}[f_1]. \tag{7.48}$$

Gemäß dem Zahlenbeispiel in Abschnitt 7.4.1 wählen wir $u = 2/3 \cdot v$. Gleichzeitig setzen wir o. B. d. A. $v := 1$ fest. Für den Verkehrsfluß ergibt sich damit die Formel

$$\mathcal{V} = f_1 \cdot \left[\frac{2}{3} + \frac{1 - f_0 - f_1}{\gamma f_0 + (1 + \gamma) f_1} \right]. \tag{7.49}$$

Zur Berechnung optimaler Durchflußparameter beschränken wir uns im Rahmen dieses Lehrbuchs auf den einfachsten Fall. Dieser ist gegeben durch die Wahl des Parameters $\gamma := 1/2$. Damit wird

$$\mathcal{V} = f_1 \cdot \left[\frac{2}{3} + 2 \cdot \frac{1 - f_0 - f_1}{f_0 + 3 f_1} \right]. \tag{7.50}$$

Es folgt

$$\frac{\partial \mathcal{V}}{\partial f_1} = \frac{2 f_0 (3 - 2 f_0)}{3 (3 f_1 + f_0)^2}. \tag{7.51}$$

$\mathcal{V}$ ist nun wegen $0 \leq f_0, f_1 \leq \rho_{max} = 1$ eine bezüglich f_1 streng monoton wachsenden Funktion. Wie man sich durch eine einfache Nebenrechnung überzeugt, ist die Dichte $\rho = f_0 + f_1 + f_2$ unter der Gleichung (7.46) im Gültigkeitsbereich eine monoton wachsende Funktion von f_1. Damit ist das Maximum $\mathcal{V}_{max}$ von $\mathcal{V}$ erreicht für den maximal erlaubten Wert für ρ, also für $f_0 + f_1 + f_2 = 1$. Einsetzen in Gleichung (7.46) führt auf $f_2 = 0$. Bei maximaler Auslastung der Straße ist damit die Kapazität bestimmt durch die kleinere Geschwindigkeit u. Wir fassen zusammen.

7.16 Auswertung: Für das in 7.15 beschriebene Modell gilt:

a) In dem oben beschriebenen Gültigkeitsbereich für die Parameter u, v und γ ist im Grenzfall des maximalen Durchflusses $f_2 = 0$, d.h. alle Fahrzeuge fahren mit der kleineren Geschwindigkeit u.

b) Unter den Voraussetzungen von a) ist $f_1 = 1 - f_0$; damit ist der maximale PKW–Durchfluß in Abhängigkeit von f_0 gegeben durch

$$\mathcal{V}_{max} = u \cdot (1 - f_0). \tag{7.52}$$

c) Bei sehr geringem PKW-Aufkommen ist $f_1 \approx 0$ und die mittlere PKW-Geschwindigkeit nach (7.47) gleich

$$\frac{\gamma f_0 \cdot u + (1 - f_0) \cdot v}{\gamma f_0 + (1 - f_0)}. \tag{7.53}$$

d) Für andere Parameter u, v und γ sind die oben dargestellten Monotoniebedingungen i. a. nicht gegeben; der maximale Verkehrsfluß kann allerdings in ähnlicher Weise berechnet werden (unter Berücksichtigung diverser Fallunterscheidungen).

An einem einfachen Modellierungsproblem haben wir gezeigt, daß aus kinetischen Gleichungen wichtige Parameter zum Verkehrsfluß hergeleitet werden können. Für realistische Aussagen ist natürlich eine möglichst genaue Konstruktion der in den Gleichungen auftauchenden Parameter nötig. Weiterführende Modelle werden im nächsten Abschnitt andiskutiert.

7.4.3 Verkehrsleitplanung

Das oben beschriebene Modell ist sehr vereinfachend und damit nicht in der Lage, komplexere Phänomene zu beschreiben; unter anderem kann nicht das Phänomen des "Staus aus dem Nichts", also der Entstehung eines Staus ohne erkennbare Ursache wie die Blockierung einer Fahrbahn nachvollzogen werden. Viele dieser Phänomene hängen zusammen mit weiteren Komponenten wie Fluktuationen des Verkehrsflusses, Beschleunigungs- und Verzögerungszeiten, Reaktionszeiten etc. und können nur angemessen modelliert werden durch komplexere Systeme. In den letzten Jahren wurden hierzu in der Forschung große Anstrengungen unternommen (vgl. [64, 74]). Gleichungen ähnlich denen der kinetischen Theorie spielen hierbei eine wichtige Rolle.

Eine Aufgabe von elektronischen Verkehrsleitsystemen ist es, den Verkehrsfluß so zu regeln, daß unter gegebenen Umständen ein maximaler Durchfluß erreicht werden kann. Für das Modell der vorherigen Abschnitte wurde hergeleitet, daß im Grenzfall hohen Verkehrsaufkommens sich die Geschwindigkeit auf der niedrigeren der beiden vorgegebenen Geschwindigkeiten einpendelt. Nehmen wir nun Effekte wie die oben beschriebene Reaktionszeit hinzu, welche sich bei Geschwindigkeitsänderungen negativ auf den Verkehrsfluß auswirken, so könnte es sich als günstige Strategie erweisen, Geschwindigkeitsfluktuationen durch Herabsenkung der zulässigen Höchstgeschwindigkeit zu vermindern. Dies ist in der Tat ein Aspekt erfolgreicher Verkehrsleitplanung. Um allerdings optimale Ergebnisse zu erzielen, müssen passende Simulationsmodelle entwickelt werden. Aktuelle grundlegende Konzepte für mesoskopische Modelle ähnlich denen kinetischer Gleichungen sowie ihrer "strömungsdynamischer Limites" sind beispielsweise in [51] beschrieben.

Auch zelluläre Automaten ähnlich den in Abschnitt 4.4 beschriebenen erweisen sich als nützlich. Wie verändert sich beispielsweise der Verkehrsfluß beim plötzlichen Auftreten eines Hindernisses? Numerische Simulationen hierzu wurden in [36] durchgeführt. Die Ergebnisse sind in den Abb. 7.4 a) und 7.4 b) zu sehen.[3] Dargestellt ist dort für eine einspurige Schnellstraße die Verkehrsflußdichte in Abhängigkeit von der Zeit (Ordinate) und dem Ort (Abszisse). Mittels eines geeigneten Wechselwirkungsmodells wurde mittels eines zellulären Automaten simuliert, wie sich der Verkehrsfluß ändert, wenn aufgrund von Straßenarbeiten die Autofahrer gezwungen sind, ihre Geschwindigkeit zu reduzieren. Durch solche Untersuchungen lassen sich geeignete Strategien zur Streckeneinteilung für Baumaßnahmen entwickeln. Weitere Untersuchungen zur Simulation des Straßenverkehrs mit zellulären Automaten sind in [37, 38] zu finden.

---

[3]Mit freundlicher Genehmigung von E. Rank und H. Emmerich.

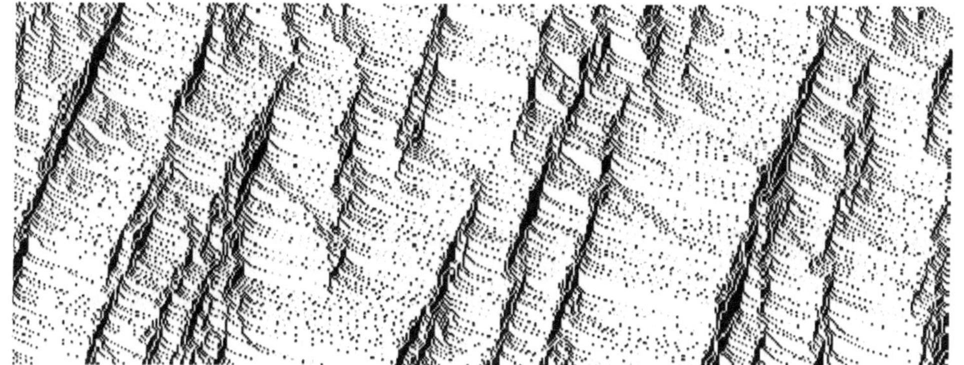

Abbildung 7.4: a) Ungestörter Verkehrsfluß

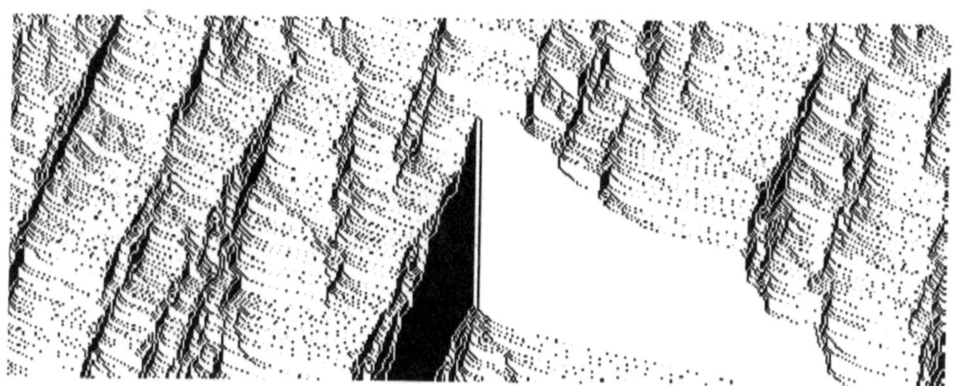

Abbildung 7.4: b) Gestörter Verkehrsfluß

7.5 Weitere Anwendungen

Eine sehr spannende Beobachtung im Bereich moderner Forschung und Technologie
ist, daß die mesoskopische Beschreibung von Teilchensystemen – wie sie durch die

Boltzmann-Gleichung und ihre Modellgleichungen gegeben ist – in den unterschiedlichsten Zeit- und Längenskalen des Kosmos von großer Bedeutung ist. Hierfür wollen wir im Anschluß an die vorhergehenen Beispiele zwei weitere Belege geben. Ein Beispiel des Mikrokosmos bilden die neuesten Entwicklungen im Bereich des modernen Chip-Designs; Auswirkungen auf die Astrophysik und damit den Makrokosmos haben haben Untersuchungen im Bereich der Hochenergiephysik. Von beiden wollen wir ein repräsentatives Beispiel kurz beschreiben.

7.5.1 Ladungstransport in Halbleitern

Aufgrund der Miniaturisierung von Halbleiter-Bauelementen (Stichwort *VLSI-Design*[4]) gewinnen kinetische Gleichungen eine große Bedeutung beim Entwurf elektronischer Schaltungen. Gaben zu früheren Zeiten noch (räumlich eindimensionale) Drift-Diffusionsmodelle ein befriedigendes Bild des Ladungstransports in Halbleitern, so verlieren diese in neueren Entwürfen ihre Bedeutung: die Abmessungen einzelner Komponenten liegen in der Größenordnung des Abstands zweier aufeinanderfolgender Wechselwirkungen der Ladungsträger mit dem Kristall.

Die numerische Simulation zwei- und dreidimensionaler Geometrien bedeutet auch heute noch eine große Herausforderung. Es gilt u.a., Streuraten konsistent zur Bandstruktur des Halbleiters wiederzugeben. Die Modellierung des Ladungsträgertransports beruht auf Gleichungen ähnlich denen der Boltzmann-Gleichung. Zur Numerik bieten sich daher stochastische Verfahren ähnlich denen in den Kapiteln 3 und 4 an. Solche Verfahren wurden in der letzten Dekade mit gutem Erfolg entwickelt, vgl. z. B. [56, 58].

7.5.2 Hochenergiephysik

Eine der aufregenden Fragen gegenwärtiger Forschung betrifft die Entstehung des Weltalls. Ein – wenngleich nicht völlig unumstrittenes Modell – ist die Vorstellung des "Big Bang"; hierbei hat sich die Welt aus ungeheuer verdichtetem nuklearem Material in

---

[4]VLSI=very large scale integration

einem "Knall" entwickelt, welches sich nach dem Big Bang entspannt und ausgedehnt hat. Um die Vorgänge während dieser Entstehung nachvollziehen zu können, ist es nötig, Zustandsgleichungen für dichtes nukleares Material zu kennen. (Entsprechendes gilt übrigens für das Verständnis sog. "Schwarzer Löcher" in der Astrophysik.) Um entsprechende Zustände herbeizuführen, werden entsprechende Experimente durchgeführt. Beispielsweise werden durch die Gesellschaft für Schwerionenforschung (GSI) in Darmstadt Versuche durchgeführt, bei denen Schwerionen unter sehr hohen Energien aufeinandergeschossen werden. Prallen solche schweren Ionen aufeinander, so wechselwirken sie miteinander, und es spalten sich Bruchstücke ab, welche im Labor registriert werden können. Durch "Zurückrechnen" der Situation können hierbei Rückschlüsse auf nukleare Zustandsgleichungen gewonnen werden.

Um das Verhalten nuklearer Materie zu berechnen, müssen Gleichungen bekannt sein, welche die Dynamik der kleinsten Teilchen innerhalb der Ionen (Nukleonen, Quarks, Gluonen, etc.) beschreiben können. Eine solche Gleichung ist die *Boltzmann-Uehling-Uhlenbeck-Gleichung* (auch *Vlasov-Uehling-Uhlenbeck-Gleichung*), eine Gleichung der Form

$$\left(\frac{\partial}{\partial t} + v \cdot \nabla_x - \nabla_x U \cdot \nabla_v \right) f(t,x,v)$$
$$= \int_{\mathbb{R}^3} \int_{\mathbb{R}^3} \int_{S^2} B(|v - v_1|)(v_1 - v_3)\delta(v + v_1 - v_2 - v_3)$$
$$\cdot \ \{f(t,x,v_2)f(t,x,v_3)[1 - f(t,x,v)][1 - f(t,x,v_1)]$$
$$- \ f(t,x,v)f(t,x,v_1)[1 - f(t,x,v_2)][1 - f(t,x,v_3)]\}d\eta dv_1 dv_2. \tag{7.54}$$

Hierbei ist U ein selbstkonsistentes Potential. Die Herleitung dieser Gleichung ist in [27] beschrieben. (Um es noch einmal zu betonen: Es ist nicht das Ensemble schwerer Ionen, welches durch diese Gleichungen beschrieben wird, sondern das Teilchensystem innerhalb zweier Ionen während des Zusammenpralls.) Die Ähnlichkeit mit der Boltzmann-Gleichung leuchtet ein: die linke Seite entspricht einem Differentialoperator, wie er in der Vlasov-Gleichung gegeben ist. Die rechte Seite ähnelt dem quadratischen Stoßintegral der Boltzmann-Gleichung. Der Integrand ist ergänzt durch die Faktoren $[1 - f(v_i)][1 - f(v_j)]$. Diese tragen dem Paulischen Ausschließungsprinzip Rechnung und können leicht in einem Teilchenverfahren berücksichtigt werden; damit können stochastische Verfahren ähnlich wie im Fall der Boltzmann-Gleichung entwickelt werden. Dies ist auch mit Erfolg geschehen [55].

Appendix A

Konvergenz gegen die Brownsche Bewegung

A.1 Stochastische Grenzwertsätze, Normalverteilungen

Es sei $(\xi_n)_{n \in \mathbb{N}}$ eine Folge stochastisch unabhängiger, gemäß einer Wahrscheinlichkeitsverteilung $d\mu(x)$ identisch verteilter ZVa auf $\mathbb{R}$. Erwartungswert $\bar{\xi}$ und Varianz σ^2 der ξ_i sind definiert durch

$$\bar{\xi} := E(\xi_n) = \int_{\mathbb{R}^p} \xi \, d\mu(\xi) \tag{A.1}$$

und

$$\sigma^2 = \int_{\mathbb{R}} (\xi - \bar{\xi})^2 \cdot d\mu(\xi) \tag{A.2}$$

Eine Aussage über die Mittelwerte der Summen über ξ_i liefert das folgende klassische Ergebnis der Wahrscheinlichkeitstheorie.

A.17 Starkes Gesetz der großen Zahl: Ist $|\bar{\xi}| < \infty$, so gilt fast sicher (d.h. mit Wahrscheinlichkeit 1)

$$\frac{1}{n} \sum_{i=0}^{n-1} \xi_n \longrightarrow \bar{\xi} \tag{A.3}$$

Hieraus folgt leicht

A.18 Folgerung: Sei n_ϵ für $0 \leq \epsilon \leq \epsilon_0$ eine Schar von bezüglich $1/\epsilon$ monoton wachsenden Zufallsvariablen mit $n_\epsilon \to \infty$ für $\epsilon \to 0$.

a) Fast sicher gilt

$$\frac{1}{n_\epsilon} \sum_{i=1}^{n_\epsilon} \xi_i \longrightarrow \bar{\xi}. \tag{A.4}$$

b) Für stetige Funktionen $\phi : (0, \epsilon_0] \to \mathbb{R}_+$ mit fast sicherer Konvergenz $n_\epsilon/\phi(\epsilon) \to c < \infty$ für $\epsilon \to 0$ gilt

$$\frac{1}{\phi(\epsilon)} \sum_{i=1}^{n_\epsilon} \xi_i \longrightarrow c \cdot \bar{\xi} \quad \text{fast sicher.} \tag{A.5}$$

A.19 Definition *(Normalverteilung)*: Eine Zufallsvariable ξ auf $\mathbb{R}$ heißt *normalverteilt*, wenn ξ verteilt ist gemäß einer Wahrscheinlichkeitsdichte

$$\mathcal{N}[\mu, \sigma](x) = \frac{1}{\sigma\sqrt{2\pi}} \exp(-(x - \mu)^2/2\sigma^2). \tag{A.6}$$

mit $\mu \in \mathbb{R}$ und $\sigma > 0$. Die zugehörige Verteilung heißt *Normalverteilung* $\mathcal{N}(\mu, \sigma)$. Die Verteilung $\mathcal{N}(0, 1)$ heißt *Standard- (oder Gaußsche) Normalverteilung*.

Die Abweichung der Mittelwerte $\left(\sum_{i=0}^n \xi_i\right)/n$ für *endliche* n vom Grenzwert $\bar{\xi}$ beschreibt der Zentrale Grenzwertsatz. Zur Vorbereitung benötigen wir

A.20 Definition *(Konvergenz in der Verteilung)*: Eine Folge ζ_n von ZVa auf $\mathbb{R}$ heißt *konvergent in der Verteilung* gegen eine Verteilung $d\nu$ (Schreibweise: $\zeta_n \Rightarrow d\nu$), falls für beliebige meßbare Mengen $M \subset \mathbb{R}^3$ gilt

$$\mathcal{P}(\zeta_n \in M) \longrightarrow \int_M d\nu = \nu(M). \tag{A.7}$$

A.21 Zentraler Grenzwertsatz: Haben die ξ_i endliche Varianz (d.h. $\sigma^2 < \infty$), so gilt

$$s_n := \frac{1}{\sqrt{n}} \sum_{i=1}^n (\xi_i - \bar{\xi}) \Longrightarrow \mathcal{N}(0, \sigma) \tag{A.8}$$

Das Gesetz der großen Zahl und der zentrale Grenzwertsatz können auf höhere Dimensionen übertragen werden. Im folgenden sei $\underline{\xi}_i$ eine Folge von unabhängigen, gemäß einer Verteilung $d\underline{\mu}(\underline{x})$ verteilter ZVa auf $\mathbb{R}^q$. Der Vektor der Erwartungswerte $\bar{\underline{\xi}}$ und die *Kovarianzmatrix* $C = (c_{ij})_{i,j=1}^q$ sind definiert durch

$$\bar{\underline{\xi}} = \int_{\mathbb{R}^q} \underline{x} d\underline{\mu}(x), \tag{A.9}$$

$$c_{ij} = \int_{\mathbb{R}^q} (x_i - \bar{\xi}_i)(x_j - \bar{\xi}_j) d\mu(x). \tag{A.10}$$

Das starke Gesetz der großen Zahl läßt sich unmittelbar aus A.1 verallgemeinern durch Betrachtung der einzelnen Koeffizienten der $\underline{\xi}_i$. Die Matrix C ist nach Definition symmetrisch und nichtnegativ definit. Damit existiert eine Matrix Σ mit

$$C = \Sigma^T \Sigma. \tag{A.11}$$

A.22 Definition *(Normalverteilung)*: Σ sei eine reguläre $q \times q$-Matrix. Ein Zufallsvektor $\underline{\xi}$ auf $\mathbb{R}^q$ heißt *normalverteilt mit Verteilung* $\mathcal{N}(\underline{\mu}, \Sigma)$, falls er verteilt ist gemäß der Dichte

$$\begin{aligned}
\mathcal{N}[\underline{\mu}, \Sigma](\underline{x}) &= |\det \Sigma|^{-1} \cdot \frac{1}{\sqrt{2\pi}^q} \exp(-(\underline{x} - \underline{\mu})^T \Sigma^{-1} \Sigma^{-T}(\underline{x} - \underline{\mu})/2) \quad \text{(A.12)} \\
&= |\det \Sigma|^{-1} \cdot \frac{1}{\sqrt{2\pi}^q} \exp(-(\underline{x} - \underline{\mu})^T C^{-1}(\underline{x} - \underline{\mu})/2) \\
&= |\det \Sigma|^{-1} \cdot \frac{1}{\sqrt{2\pi}^q} \exp(-|\Sigma^{-T}(\underline{x} - \underline{\mu})|^2/2)
\end{aligned}$$

mit $C = \Sigma^T \Sigma$. $\mathcal{N}(\underline{\mu}, \Sigma)$ hat Erwartungswert $\underline{\mu}$ und Kovarianzmatrix C.

In Verallgemeinerung von A.5 gilt

A.23 Zentraler Grenzwertsatz: $C = \Sigma^T \Sigma$ sei die positiv definite Kovarianzmatrix der Verteilung der Zufallsvektoren $\bar{\underline{\xi}}_i$, und es sei $\bar{\underline{\xi}} = 0$. Dann gilt

$$\frac{1}{\sqrt{n}} \sum_{i=1}^n (\underline{\xi}_i - \bar{\underline{\xi}}) \Longrightarrow \mathcal{N}(0, \Sigma). \tag{A.13}$$

A.24 Folgerung: Die Abbildung

$$t \longrightarrow \frac{1}{\sqrt{n}} \sum_{i=1}^{[tn]} (\underline{\xi}_i - \underline{\bar{\xi}}) \tag{A.14}$$

konvergiert für $n \to \infty$ in der Verteilung gegen $\mathcal{N}(0, \sqrt{t}\Sigma)$.

Die Normalverteilungen $\mathcal{N}(0, \sqrt{t}\Sigma)$ erhält man auch als Lösung einer Diffusionsgleichung. Es gilt nämlich (s. [76, 1.13.2.4], [75] für $C = a \cdot I$)

A.25 Satz: Mit $C = \Sigma^T \Sigma$ ist $\mathcal{N}[0, \sqrt{t}\Sigma]$ die eindeutige Lösung des AWP

$$T_t(t, x) = \frac{1}{2} \nabla_x^T C \nabla_x T(t, x), \quad T(0, .) = \delta. \tag{A.15}$$

A.2   Donskers Invarianzprinzip

In Abschnitt 5.1.1 haben wir untersucht, wie der Korrekturterm $S_\epsilon(t)$ für feste $t \geq 0$ gegen eine Normalverteilung $\mathcal{N}(0, \sqrt{2t/\lambda} \cdot \Sigma)$ konvergiert (s. Beweis von Satz 5.8). Hier wollen wir nun skizzieren, daß die gesamte Trajektorie

$$t \longrightarrow S_\epsilon(t) \tag{A.16}$$

gegen eine Brownsche Bewegung konvergiert. Hierzu sind einige Vorbereitungen nötig. Der folgende Zugang orientiert sich wesentlich an [19].

A.2.1   Der Raum C

Mit $C := C[0, T]$ bezeichnen wir im folgenden den Raum der stetigen Funktionen auf $[0, T]$. Durch die Supremumsnorm ist auf C ein Abstandsbegriff gegeben: Zu $\phi, \psi \in C$ definiere

$$\rho(\phi, \psi) := \sup_t |\phi(t) - \psi(t)|. \tag{A.17}$$

$\mathcal{C}$ sei die Borel-σ-Algebra von C. $\mathcal{C}$ wird erzeugt von den bzgl. ρ offenen Teilmengen von C.

Zu beliebigen endlichen Zerlegungen von $[0,1]$, $0 \leq t_1 < t_2 < \cdots < t_k \leq T$ definieren wir die Projektion

$$\mu_{t_1,\cdots,t_k}\phi := (\phi(t_1),\ldots,\phi(t_k)). \tag{A.18}$$

A.26 Definition Sei P ein W-Maß auf $(C,\mathcal{C})$.

a) *Endlich-dimensionale Verteilungen* zu P sind alle Verteilungen

$$P_{t_1,\ldots,t_k} := P \circ \mu_{t_1,\ldots,t_k}^{-1}, \tag{A.19}$$

auf endlich-dimensionalen $\mathbb{R}^k$, definiert für $M \subset \mathbb{R}^k$ durch

$$P_{t_1,\ldots,t_k}(M) := P(\{\phi \in C : \mu_{t_1,\ldots,t_k}\phi \in M\}) \tag{A.20}$$

b) Eine Folge P_n von W-Maßen auf $(C,\mathcal{C})$ heißt *schwach konvergent* gegen P (Schreibweise: $P_n \to_w P$), falls für alle stetigen und beschränkten Funktionale $F : C \to \mathbb{R}$ gilt:

$$\int_C F(\phi)dP_n(\phi) \longrightarrow \int_C F(\phi)dP(\phi) \tag{A.21}$$

c) Eine Menge P_i, $i \in I$, von W-Maßen auf $(C,\mathcal{C})$ heißt *straff*, falls für jedes $\epsilon > 0$ eine kompakte Menge $K \in \mathcal{C}$ existiert so daß $P_i(K) > 1 - \epsilon$ für alle $i \in I$.

Ein wichtiges Kriterium für den Nachweis der schwachen Konvergenz von Maßen ist [19, Thm. 8.1]

A.27 Satz: Ist $(P_n)_{n\in\mathbb{N}}$ eine straffe Folge von Wahrscheinlichkeitsmaßen auf $(C,\mathcal{C})$ und konvergieren alle endlich-dimensionalen Verteilungen von (P_n) schwach gegen diejenigen von P, so konvergiert P_n schwach gegen P.[1]

A.2.2 Wiener-Maße

Im folgenden bezeichnen wir die Elemente von C als Zufallsvariablen x_t.

---

[1] Diesem Satz liegt wesentlich zugrunde der Satz von Prohorov (vgl. [19, Theoreme 6.1, 6.2]), nach dem Straffheit äquivalent ist zu relativer Kompaktheit.

A.28 Definition: *Wiener-Maße* W sind Maße auf $(C, \mathcal{C})$ mit folgenden Eigenschaften:

(a) Für jedes $t \geq 0$ ist x_t normalverteilt mit Mittelwert 0 und Varianz t:

$$W\{x_t \leq \alpha\} = \frac{1}{\sqrt{2\pi t}} \int_\infty^\alpha \exp(-u^2/2t)\,du \qquad (A.22)$$

(b) Der stochastische Prozeß $\{x_t : 0 \leq t \leq T\}$ hat unabhängige Zuwächse, d.h. für beliebige

$$0 \leq t_0 \leq t_1 \leq \cdots \leq t_k \leq T \qquad (A.23)$$

sind die ZVa

$$x_{t_1} - x_{t_0}, x_{t_2} - x_{t_1}, \ldots, x_{t_k} - x_{t_{k-1}} \qquad (A.24)$$

unter W stochastisch unabhängig.

A.29 Bemerkungen: (a) Für beliebige $0 \leq s \leq t \leq T$ ist $x_t - x_s$ normalverteilt mit Mittelwert 0 und Varianz $t - s$.

(b) Die Bezeichnung $W = W(\omega)$ wird auch benutzt für W-verteilte Zufallsvariablen mit Werten in C. Bezeichne $W_t(\omega) = W(t, \omega)$ den Wert der zufälligen Funktion $W(\omega)$ zur Zeit t. Der stochastische Prozeß $\{W_t : 0 \leq t \leq T\}$ heißt *Wiener-Prozeß* oder *Brownsche Bewegung*.

A.2.3   Konvergenz gegen Brownsche Bewegung

$\Delta\xi_n$ sei Folge von reellwertigen unabhängigen gleichverteilten Zufallsvariablen mit $E(\Delta\xi_n) = 0$ und $0 < \sigma^2 := E((\Delta\xi_n)^2) < \infty$. Definiere

$$R_n := \sum_{i=1}^n \Delta\xi_i \qquad (A.25)$$

sowie die Folge kontinuierlicher stochastischer Prozesse

$$X_n(t) := \frac{1}{\sigma\sqrt{n}} R_{[nt]} + (nt - [nt]) \frac{1}{\sigma\sqrt{n}} \Delta\xi_{[nt]+1}, \qquad (A.26)$$

welche – bis auf die Skalierung $1/\sigma\sqrt{n}$ – zu den Zeiten k/n, $k \in \mathbb{N}$, die Werte von R_k annehmen und dazwischen affin linear verbunden sind. P_n seien die zugehörigen

Verteilungen auf $(C, \mathcal{C})$. Für $n \to \infty$ konvergieren die X_n gegen die Brownsche Bewegung:

A.30 Satz *(Donskers Invarianzprinzip):*

$$P_n \to_w W. \tag{A.27}$$

Zum Beweis sind nach Satz A.11 die Konvergenz der endlich-dimensionalen Verteilungen gegen diejenigen des Wiener-Prozesses sowie die Straffheit der Menge der Verteilungen zu zeigen. Die Konvergenz der eindimensionalen Verteilungen folgt unmittelbar aus Folgerung 1.8. Zur Konvergenz der endlich-dimensionalen Verteilungen nutzt man die asymptotische Unabhängigkeit der Zuwächse $X_n(t_{i+1}) - X_n(t_i)$ aus, wobei die t_i wie in (A.23) gewählt sind. Für große n gilt nämlich

$$X_n(t_{i+1}) - X_n(t_i) \approx \frac{1}{\sigma\sqrt{n}} \sum_{i=[nt_i]+1}^{[nt_{i+1}]} \Delta\xi_i. \tag{A.28}$$

Zum Beweis der Straffheit müssen geeignete Abschätzungen hergeleitet werden. Auf technische Details des Beweises wollen wir hier verzichten. Der interessierte Leser sei auf die Ausführungen in [19, Kapitel 8] verwiesen.

Variationen des Satzes von Donsker können zur Modellierung für eine Reihe von Anwendungsproblemen herangezogen werden. Der Prozeß S_ϵ des Abschnitts 5.1, welcher die Abweichungen kinetischer Transportprozesse von der gleichförmigen Bewegung mißt, ist ähnlich wie der Prozeß X_n aus (A.26) definiert als affin lineare Erweiterung einer Summe unabhängiger gleichverteilter Zufallsvariablen. Allerdings ist für gegebenes $t > 0$ die Anzahl der Summanden ebenfalls eine Zufallsvariable, über welche mit Hilfe des Gesetzes der großen Zahl eine Aussage gemacht werden kann. Der Satz von Donsker kann unmittelbar übertragen werden, wenn man folgendes Hilfsergebnis [4, Lemma 3.4] ausnutzt.

A.31 Lemma: Sei $X_n(t)$ eine Folge stochastischer Prozesse auf [0,T] mit stetigen Trajektorien, welche in der Verteilung gegen ein Maß μ auf C[0,T] konvergiert. Weiter seien $\tau_n(t)$ monotone stetige Zufallszeiten mit $\lim_{n\to\infty} \tau_n(t) = t$ fast sicher. Dann konvergiert auch $X_n(\tau_n(t)$ in der Verteilung gegen μ.

Eine Modifikation von Donskers Invarianzprinzip dient auch der Modellierung von Flüssen in dünnen Schichten (vgl. Abschnitt 7.2).

Appendix B

Der Satz von Krein–Rutman

Das endlich–dimensionale Analogon zum Satz von Krein–Rutman ist das folgende wohlbekannte Resultat für Eigenvektoren und Eigenwerte gewisser Matrizen

B.32 Satz von Perron-Frobenius: Sei Q eine $N \times N$-Matrix derart, daß für ein $n \in \mathbb{N}$ die Matrix Q^n nur strikt positive Koeffizienten besitzt. Dann existiert ein Eigenwert λ von Q (genannt "dominanter Eigenwert"), für den gilt

(a) für alle weiteren Eigenwerte $\mu \neq \lambda$ von Q ist $|\mu| < \lambda$;

(b) $\dim(Q - \lambda I)^{-1}(0) = 1$:

(c) zum Eigenwert λ gibt es einen Eigenvektor q mit strikt positiven Koeffizienten.

Ein Beweis findet sich z.B. in [42]

B.33 Folgerung: Ist $Q = (a_{ji})$ die Matrix der Koeffizienten einer diskreten kinetischen Gleichung (s. Kap. 1.2.1), so ist Q eine stochastische Matrix (d.h. $a_{ji} \geq 0$ und $\sum_{i=1}^{N} a_{ji} = 1$). Damit ist der dominante Eigenwert $\lambda = 1$. Erfüllt Q die Voraussetzung des Satzes, so existiert ein eindeutiger Eigenvektor q mit den Eigenschaften

(a) $q_i \geq 0, i = 1, \ldots, N$;

(b) $\sum_{i=1}^{N} q_i = 1$.

Zur Formulierung des Satzes von Krein-Rutman benötigen wir einige Vorbereitungen. Es sei X ein Banachraum.

B.34 Definition: (a) Eine abgeschlossene Menge $K \subset X$ heißt *Kegel*, falls

$0 \in K$;

$u, v \in K \Rightarrow \alpha u + \beta v \in K$ für beliebige $\alpha, \beta \geq 0$;

aus $v \in K$ und $-v \in K$ folgt $v = 0$.

(b) Ein Kegel K heißt *reproduzierend*, falls $X = K - K$.

(c) $K^* \subset X^*$ heißt ein zum Kegel K *dualer Kegel*, falls für alle $v \in K$ und $f^* \in K^*$ gilt: $\langle f^*, v \rangle \geq 0$.

(d) Für $u, v \in K$ gilt $u \leq v$, falls $v - u \in K$.

(e) Der Kegel K heißt *normal*, falls aus $u \leq v$ folgt $\|u\|_X \leq \|v\|_X$.

(f) Ein K-invarianter Operator $B \in \mathcal{L}(X)$ heißt *positiv*. (''K-invariant'' bedeutet: $B(K) \subset K$.) B heißt *strikt positiv*, falls für alle $v \in K \setminus \emptyset$ gilt $Bv \in \text{int}(K)$.

Für unsere Zwecke ist X einer der Funktionenräume $L^p(\mathbb{R}^3 \times G)$ und K der Kegel der Funktionen $f \in X : f(x, v) \geq 0$ für alle (x, v). K ist offensichtlich reproduzierend.

B.35 Satz von Krein-Rutman: Sei K ein reproduzierender Kegel mit nichtleerem Innern $\text{int}(K)$, und sei $B \in \mathcal{L}(X)$ ein kompakter, bezüglich K strikt positiver Operator. Sei $\sigma(B)$ das Spektrum von B. Dann ist der Spektralradius $r(B)$ von B, definiert durch $r(B) := \sup_{\lambda \in \sigma(B)} |\lambda|$, ein einfacher Eigenvektor von B und der adjungierten Abbildung B^*, und es existieren eindeutige zugehörige Eigenvektoren in $\text{int}(K)$ bzw. in $\text{int}(K)^*$ mit Norm 1. Alle weiteren Eigenwerte haben einen Betrag strikt kleiner als $r(B)$.

Einen Beweis findet man in [34].

Beispiele: (a) Hilbert-Schmidt-Integraloperatoren: Sei Ω, offene Teilmenge von $\mathbb{R}^n$, und $k(.,.) : \Omega \times \Omega \to (0, \infty)$ meßbar mit

$$\left(\int_\Omega \left(\int_\Omega |k(v', v)|^q dv' \right)^{p/q} dv \right)^{1/p}, \tag{B.1}$$

wobei $1 < p < \infty$ und $1/p + 1/q = 1$. Definiere den Integraloperator B durch

$$Bf(v) := \int_\Omega k(v', v) f(v') dv'. \tag{B.2}$$

Dann ist B ein kompakter Operator auf $L^p(\Omega)$ (s. z.B. [2, 8.9]), der die Voraussetzungen des Satzes von Krein-Rutman erfüllt. Damit existiert eine eindeutige normierte nichtnegative Funktion $f_0 \in L^p$ mit $f_0 = r(B) \cdot f_0$.

(b) Sei J_+ der positive Anteil eines Stoß-Integraloperators, d.h.

$$J_+ f(v) = \int_G k(v', v) f(v') dv',\qquad\qquad (B.3)$$

wobei $k(.,.)$ meßbar und $k(v', .)$ für jedes $v' \in G$ eine W-Dichte ist. Sind zusätzlich $k(.,.)$ L^∞-beschränkt und G kompakt, so ist mit $G = \mathrm{int}(\Omega)$ und für beliebiges $p \in (1, \infty)$ J_+ ein Hilbert-Schmidt-Operator im Sinne des vorigen Beispiels. Ist $f_0 \in L^p(\Omega) \subset L^1(\Omega)$ eine nichtnegative Eigenfunktion von J_+ zum Eigenwert $r(J_+)$, so gilt

$$r(J_+) \cdot \int_G f_0(v) dv = \int_G f_0(v') \left(\int_G k(v', v) dv \right) dv' = \int_G f_0(v) dv.\qquad (B.4)$$

Damit ist $r(J_+) = 1$, und die Existenz und Eindeutigkeit einer zu J_+ gehörigen W-Dichte ist gesichert.

Literaturverzeichnis

[1] Abstracts of the 1997 European Aerosol Conference, *Journal of Aerosol Science*, 28, Supplement 1, 1997.

[2] H. W. Alt. *Lineare Funktionalanalysis*. Springer, Berlin, 1992.

[3] L. Arkeryd. On the Boltzmann equation. *Arch. Rat. Mech. Anal.*, 45:1–34, 1972.

[4] H. Babovsky. On a simulation scheme for the Boltzmann equation. *Math. Meth. Appl. Sci.*, 8:223–233, 1986.

[5] H. Babovsky. On Knudsen flows within thin tubes. *J. Statist. Phys.*, 44:865–878, 1986.

[6] H. Babovsky. Derivation of stochastic reflection laws from specular reflection. *Transp. Theory Stat. Phys.*, 16:113–126, 1987.

[7] H. Babovsky. Convergence proof for Nanbu's Boltzmann simulation scheme. *Europ. J. of Mech. B/Fluids*, 1:41–55, 1989.

[8] H. Babovsky. Identification of scattering media from reflected flows. *SIAM J. Appl. Math.*, 51:1676–1704, 1991.

[9] H. Babovsky. Diffusion limits for flows in thin layers. *SIAM J. Appl. Math.*, 56:1280–1294, 1996.

[10] H. Babovsky. Limit theorems for deterministic Knudsen flows between two plates. *Math. Models Meth. Appl. Sci.*, 6:503–520, 1996.

[11] H. Babovsky, C. Bardos und T. Płatkowski. Diffusion approsimation for a Knudsen gas in a thin domain with accommodation on the boundary. *Asymptotic Anal.*, 3:265–289, 1991.

[12] H. Babovsky, F. Gropengießer, H. Neunzert, J. Struckmeier und B. Wiesen. Application of well-distributed sequences to the numerical simulation of the Boltzmann equation. *J. Comp. Appl. Math.*, 31:15–22, 1990.

[13] H. Babovsky und R. Illner. A convergence proof for Nanbu's simulation method for the full Boltzmann equation. *SIAM J. Numer. Anal.*, 26:45–65, 1989.

[14] C. Bardos, R. Caflish und B. Nicolaenko. The Milne and Kramers problems for the Boltzmann equation of a hard sphere gas. *Comm. Pure Appl. Math.*, 39:323–352, 1986.

[15] C. Bardos, F. Golse und D. Levermore. *Macroscopic limits of kinetic equations*, in: Multidimensional Hyperbolic Problems and Computations, J. Glimm und A. J. Majda (eds.), Springer, New York, 1991.

[16] C. Bardos, F. Golse und D. Levermore. Fluid dynamic limits of kinetic equations I. Formal derivations. *J. Statist. Phys.*, 63:323–344, 1991.

[17] C. Bardos, F. Golse und D. Levermore. Fluid dynamic limits of kinetic equations II. Convergence proofs for the Boltzmann equation. *Comm. Pure Appl. Math.*, 46:667–753, 1993.

[18] P. L. Bhatnagar, E. P. Gross und M Krook. *Phys. Rev.*, 94:511, 1954.

[19] P. Billingsley. *Convergence of probability measures.* John Wiley & Sons, New York, 1968.

[20] P. Billingsley. *Probability and measure.* John Wiley & Sons, New York, 1986.

[21] G. A. Bird. *Molecular Gas Dynamics.* Clarendon Press, Oxford, 1976.

[22] G. A. Bird. *Perception of Numerical Methods in Rarefied Gas Dynamics* in: *Rarefied Gas Dynamics: Theoretical and Computational Techniques*, E.P. Muntz und D.P. Weaver Eds., AIAA, Washington, 1989.

[23] G. A. Bird. *Molecular Gas Dynamics and the Direct Simulation of Gas Flows.* Oxford University Press, 1995.

[24] L. Boltzmann. *Weitere Studien über das Wärmegleichgewicht unter Gasmolekülen,* Sitzungsberichte der Akademie der Wissenschaften, Wien, **66**, 275–370, 1872.

[25] C. Börgers, C. Greengard und E. Thomann. The diffusion limit of free molecular flow in thin plane channels. *SIAM J. Appl. Math.*, 52:1057–1075, 1992.

[26] R. E. Caflisch. The fluid dynamic limit of the nonlinear Boltzmann equation. *Comm. Pure Appl. Math.*, 33:651–666, 1980.

[27] W. Cassing, V. Metag, U. Mosel und K. Niita. Production of energetic particles in heavy-ion collisions. *Physics Reports*, 188:363–452, 1990.

[28] C. Cercignani. *The Boltzmann equation and its applications.* Springer, New York, 1988.

[29] C. Cercignani und M. Lampis. Kinetic models for gas-surface interactions. *Transp. Theory Stat. Phys.*, 1:101–114, 1971.

[30] C. Cercignani. Are there more than five linearly-independent collision invariants for the Boltzmann equation? *Journ. Statist. Phys.*, 58:817–823, 1990.

[31] S. Chapman. The kinetic theory of simple and composite gases: Viscosity, thermal conduction and diffusion. *Proceedings of the Royal Society*, A93:1–20, 1916/17.

[32] P. Clausing. Über die Adsorptionszeit und ihre Messung durch Strömungsversuche. *Ann. Phys.*, 7:489–568, 1930.

[33] I. P. Cornfeld, S. V. Fomin und Ya. G. Sinai. *Ergodic Theory.* Springer, New York, 1982.

[34] R. Dautray und J.-L. Lions. *Mathematical Analysis and Numerical Methods for Science and Technology III, IV, VI.* Springer, New York, 1986.

[35] R. DiPerna und P.-L. Lions. On the Cauchy problem for Boltzmann equations: Global existence and weak stability. *Annals of Mathematics*, 1989.

[36] H. Emmerich und E. Rank. *Simulation eines Zellulären Automaten zu Untersuchungen des Verkehrsflusses.* Bericht 94-4-NMI, Universität Dortmund, 1994.

[37] H. Emmerich und E. Rank. Investigating traffic flow in the presence of hindrances by cellular automata. *Physica A*, 216:435–444, 1995.

[38] H. Emmerich und E. Rank. An improved cellular automaton model for traffic flow simulation. *Physica A*, 234:676–686, 1997.

[39] D. Enskog. *Kinetische Theorie der Vorgänge in mäßig verdünnten Gasen, I. Allgemeiner Teil.* Almqvist & Wiksell, Uppsala, 1917.

[40] W. Feller. *An Introduction to Probability Theory and Its Applications*, Vols. I, II. John Wiley & Sons, New York, 1971.

[41] U. Frisch, B. Hasslacher und Y. Pomeau. Lattice-gas automata for the Navier-Stokes equation. *Phys. Rev. Lett.*, 56:1505–1508, 1986.

[42] F. R. Gantmacher. *Matrizentheorie.* Deutscher Verlag der Wissenschaften, Berlin, 1986.

[43] H. Grad. *Principles of the kinetic theory of gases.* In: Handbuch der Physik 12:205–294, Springer, Berlin, 1958.

[44] H. Grad. *Asymptotic equivalence of the Navier-Stokes and nonlinear Boltzmann equations.* In: Symposia in Applied Math., 17, Amer. Math. Soc., 1965.

[45] W. Greenberg, C. v.d. Mee und V. Protopopescu. *Boundary value problems in abstract kinetic theory.* Birkhäuser, Basel, 1987.

[46] R. Gupta, C. Scott und J. Moss. *Slip boundary equatins for multicomponent nonequilibrium airflow*. NASA Technical Paper 2452, 1985.

[47] J. Hardy, O. de Pazzis und Y. Pomeau. Molecular dynamics of a classical lattice gas: Transport properties and time correlation functions. *Phys. Rev.* A13:1949–1961, 1976.

[48] D. D'Humières, P. Lallemand und U. Frisch. Lattice gas models for 3D hydrodynamics. *Europhys. Lett.* 2:291–297, 1986.

[49] R. Illner und H. Neunzert. The concept of irreversibility in the kinetic theory of gases. *Transp. Theory Stat. Phys.*, 16:89–112, 1987.

[50] R. Illner und T. Płatkowski. Discrete velocity models of the Boltzmann equation: A survey on the mathematical aspects of the theory. *SIAM Review*, 30:213–255, 1988.

[51] A. Klar, R. D. Kühne und R. Wegener. *Mathematical Models for Vehicular Traffic*. Bericht AG Technomathematik, Universität Kaiserslautern, 1995.

[52] A. A. Kolodko und W. Wagner. *Convergence of a Nanbu type method for the Smoluchowski equation*. Preprint No. 361, WIAS, Berlin, 1997.

[53] L. Kuipers und H. Niederreiter. *Uniform Distribution of Sequences*. John Wiley & Sons, New York, 1974.

[54] O. E. Lanford III. *Time evolution of large classical systems*, in: Lecture Notes in Physics, 38, pp. 1–111, Springer, 1975.

[55] A. Lang, H. Babovsky, W. Cassing, U. Mosel, H.-G. Reusch und K. Weber. A new treatment of Boltzmann-like collision integrals in nuclear kinetic equations. *Journ. Comp. Phys.*, 106:391–396, 1993.

[56] S. E. Laux, M. V. Fischetti und D. J. Frank. Monte Carlo analysis of semiconductor devices: The DAMOCLES program. *IBM J. Res. Develop.*, 34:466–494, 1990.

[57] C. Lécot und I. Coulibaly. A quasi-Monte Carlo scheme using nets for a linear Boltzmann equation. *SIAM Journ. Numer. Anal.*, 1998.

[58] W. Lee, S. E. Laux, M. V. Fischetti, G. Baccarani, A. Gnudi, J. M. C. Stork, J. A. Mandelman, E. F. Crabbé, M. R. Wordeman und F. Odeh. Numerical modeling of advanced semiconductor devices. *IBM J. Res. Develop.*, 36:208–232, 1992.

[59] P. Le Tallec und F. Mallinger. Coupling Boltzmann and Navier-Stokes Equations by half fluxes. *Journ. Comp. Phys.*, 136:51–67, 1997.

[60] P. Mathé. *Approximation Theory of Stochastic Numerical Methods.* Habilitationsschrift, Humboldt-Universität Berlin, 1994.

[61] E. Messerschmid. *Der Wiedereintritt von Raumfahrzeugen in die Atmosphäre.* Jahrbuch 1989, Universität Stuttgart.

[62] K. Nanbu. Direct simulation scheme derived from the Boltzmann equation. *J. Phys. Soc. Japan*, 49:2042, 1980.

[63] K. Nanbu. *Theoretical Basis on the Direct Simulation Monte Carlo Method* in: *Rarefied Gas Dynamics*, 1, V. Boffi und C. Cercignani Eds., Teubner, Stuttgart, 1986.

[64] P. Nelson. A kinetic model of vehicular traffic and its associated bimodal equilibrium solutions. *Transp. Theory and Stat. Phys.*, 1994.

[65] H. Neunzert. *Particle Methods.* Vorlesungsskript Universität Kaiserslautern, WS 1990/91.

[66] H. Neunzert und J. Struckmeier. Particle methods for the Boltzmann equation. *Acta Numerica*, 417–457, 1995.

[67] G. C. Papanicolaou. Asymptotic analysis of transport processes. *Bull. Am. Math. Soc.*, 81:330–392, 1975.

[68] H. Rademacher. Eineindeutige Abbildungen und Meßbarkeit. *Monatsh. Math. Phys.*, 27:183–..., 1916.

[69] P. Rostand. Kinetic boundary layers, numerical simulations. *Journ. Comp. Phys.*, 86:18–55, 1990.

[70] K. K. Sabelfeld, S. V. Rogasinsky, A. A. Kolodko und A. I. Levykin. Stochastic algorithms for solving Smolouchovsky coagulation and applications to aerosol growth simulation. *Monte Carlo Methods and Appl.*, 2:41–87, 1996.

[71] H. Spohn. The Lorentz process converges to a random flight process. *Comm. Math. Phys.*, 60:277–290, 1978.

[72] H. Triebel. *Analysis und mathematische Physik*. Carl Hanser, München, 1982.

[73] W. Wagner. *Journ. Stat. Phys.*, 66:1011–1044, 1992.

[74] R. Wegener und A. Klar. *A kinetic model for vehicular traffic derived from a stochastic microscopic model*. Arbeitsgruppe Technomathematik, Bericht Nr. 138, Universität Kaiserslautern, 1995.

[75] W. S. Wladimirow. *Gleichungen der mathematischen Physik*. VEB Deutscher Verlag der Wissenschaften, Berlin, 1972.

[76] E. Zeidler (Herausgeber). *Teubner-Taschenbuch der Mathematik*, Teubner, Stuttgart, 1996.

Prohl
Projection and Quasi-Compressibility Methods for Solving the Incompressible Navier-Stokes Equations

By Dr. **Andreas Prohl**
Universität Kiel

1997. XIV, 293 pages.
16,2 x 23,5 cm.
Paper DM 59,80
ÖS 437,– / SFr 54,–
ISBN 3-519-02723-2

(Advances in Numerical Mathematics)

Projection methods had been introduced in the late sixties by A. Chorin and R. Temam to decouple the computation of velocity and pressure within the time-stepping for solving the nonstationary Navier-Stokes equations. Despite the good performance of projection methods in practical computations, their success remained somewhat mysterious as the operator splitting implicitly introduces a nonphysical boundary condition for the pressure.

The objectives of this monograph are twofold. First, a rigorous error analysis is presented for existing projection methods by means of relating them to so-called quasi-compressibility methods (e.g., penalty method, pressure stabilization method, etc.). This approach highlights the intrinsic error mechanisms of these schemes and explains the reasons for their limitations. Then, in the second part, more sophisticated new schemes are constructed and analyzed which are exempted from the most of the deficiencies of the classical projection and quasi-compressibility methods.

Prices subject to change.

B. G. Teubner Stuttgart · Leipzig

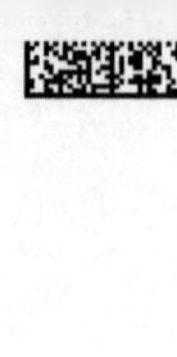